Hochschultext

W0262030

H. Moesta

Chemische Statistik

Mit 13 Abbildungen

Springer-Verlag
Berlin Heidelberg New York 1979

Hasso Moesta
Institut für Physikalische Chemie II
der Universität des Saarlandes
D-6600 Saarbrücken

ISBN-13: 978-3-540-09485-2   e-ISBN-13: 978-3-642-67377-1
DOI: 10.1007/978-3-642-67377-1

CIP-Kurztitelaufnahme der Deutschen Bibliothek
Moesta, Hasso:
Chemische Statistik / H. Moesta. - Berlin, Heidelberg, New York:
Springer, 1979. (Hochschultext)

Das Werk ist urheberrechtlich geschützt. Die dadurch begründeten
Rechte, insbesondere die der Übersetzung, des Nachdruckes, der
Entnahme von Abbildungen, der Funksendung, der Wiedergabe auf
photomechanischem oder ähnlichem Wege und der Speicherung in
Datenverarbeitungsanlagen bleiben, auch bei nur auszugsweiser
Verwertung, vorbehalten. Bei Vervielfältigungen für gewerbliche
Zwecke ist gemäß § 54 UrhG eine Vergütung an den Verlag zu
zahlen, deren Höhe mit dem Verlag zu vereinbaren ist.
© by Springer-Verlag Berlin Heidelberg 1979

Gesamtherstellung: fotokop wilhelm weihert KG, Darmstadt
2152/3140-543210

Vorwort

Dieses Heft befaßt sich mit einem Ausschnitt der statistischen
Thermodynamik, den man auch als Molekülstatistik oder Statistik
der mikrokanonischen Gesamtheiten bezeichnet.

Die Molekülstatistik ist eine alte, abgeschlossene Wissenschaft.
Die gegenwärtige Forschung in der statistischen Thermodynamik
beschäftigt sich mehr mit kooperativen Phänomenen, zeitabhängigen
und irreversiblen Prozessen.

Es schien mir aus mehreren Gründen der Mühe wert, die Molekülstatistik als eigentlich "chemische" Statistik trotz ihrer Be-
schränkung auf ideale Gase für einen Hochschultext zu behandeln:

In der produzierenden Chemie ist ein deutlicher Trend zu beobachten,
immer mehr Reaktionen aus der flüssigen Phase in die Gasphase zu
verlegen. Häufig kann man dort sogar trotz schlechterer Ausbeuten
wirtschaftlicher arbeiten als in der Flüssigphase. Bei solchen Verfahren werden immer häufiger Moleküle auftreten, deren thermodynamische Daten nicht aus Tabellen entnommen werden können. Dies
gilt ganz besonders dann, wenn bei der Syntheseplanung auch Zwi-
schenstufen in die Überlegungen einbezogen werden, die vielleicht
nur hypothetischen Charakter haben. Hier kann dem Chemiker eine gewisse Fertigkeit in der modellmäßigen Berechnung fehlender Daten
recht hilfreich sein.

Weiterhin bietet die stürmische Entwicklung und Verbreitung der
elektronischen Taschenrechner immer mehr Anreiz, ehemals zeit-
raubende Berechnungen nunmehr auf leichte Weise viel öfter zur Beurteilung konkreter Fragestellungen heranzuziehen. Für den Chemiker könnte die Molekülstatistik ein Anreiz sein, dem mit dem Er-
werb eines Rechners verbundenem "Spieltrieb" eine befriedigende
und eben auch berufsfördernde Richtung zu geben. Dieser Zweig
der statistischen Thermodynamik gibt am ehesten auf konkrete Fragen
auch eine konkrete Antwort, und es genügen dafür Rechner mit etwa
20 bis 30 Programmplätzen und vielleicht 10 Speichern, die für
weniger als 150 DM zu haben sind.

VI

Der folgende Text setzt gute Kenntnisse der klassischen chemischen
Thermodynamik voraus. Als Gerüst der Darstellung wird eine elemen-
tare Quantenmechanik verwendet, wie sie moderne Lehrbücher etwa ab
dem dritten Fachsemester Chemie anbieten. Das erste Kapitel sollte
man als eine Art Repetitorium einer kleinen Vorlesung zur Statistik
betrachten, die weiteren Kapitel als eine ausführliche Anleitung
zum Selbermachen.

Großer Raum ist Abschätzungen gewidmet, wie man sie für die Behandlung
nicht ausreichend untersuchter Moleküle braucht. Die am Schluß
der Darstellung aufgeführten Quellen halte ich gleichzeitig für
die besten Möglichkeiten für ein weitergehendes Studium der Materie.

Saarbrücken, im Februar 1979

Inhaltsverzeichnis

I. Grundlagen der Statistik

1. Modelle

Es ist die Aufgabe der statistischen Thermodynamik aus den Eigenschaften mikroskopischer Bausteine der Materie, den Molekeln, makroskopisch
meßbare Eigenschaften herzuleiten.

Da man in der Chemie in aller Regel nicht unmittelbar mit einzelnen
Molekeln arbeiten kann, muß man vor der Lösung der Aufgabe zunächst
Modelle der zu behandelnden Molekel definieren und dann den Übergang
vom Modell einer einzelnen Molekel zum Verhalten einer riesigen Zahl
dieser Molekeln behandeln, die sowohl äußeren Bedingungen als auch
gegenseitiger Wechselwirkung unterworfen sind.

Das gewöhnliche Modell des Chemikers ist die"Formel". Je nach dem Zweck
der Formel kann dieses Modell verschiedene Grade der Komplexität - von
der Summenformel bis zum räumlichen Strukturmodell - annehmen. Zu ergänzen ist dieses Modell bei Bedarf durch Angaben von Massen, Kräften,
Elektronendichten und Wellenfunktionen.

Große Schwierigkeiten bereitet die genauere modellmäßige Erfassung der
Wechselwirkungen zwischen den Molekeln.

Das "einfachste" Modell, elastische Stöße zwischen "mathematischen"
Massepunkten, also das Modell des idealen Gases, führte bereits bei
Boltzmann zu prinzipiellen Schwierigkeiten, die erst durch die Quantenmechanik in befriedigender Weise gelöst wurden. Will man noch an-
ziehende, bzw. abstoßende Kräfte zwischen den umherfliegenden Molekeln
berücksichtigen, muß man in der mathematischen Behandlung zu so ein-
schneidenden Idealisierungen greifen, daß schon eine entfernte Ähnlich-
keit der Resultate mit einem günstigen Spezialfall der Realität als
großer Erfolg der Theorie zu werten ist.

1.1 Quanten-Statistiken

In der Quantenmechanik wird ein System durch die Lösungen der Schrödinger-Gleichung

$$\mathbb{H}\psi = E\psi$$

beschrieben. In aller Regel sind die Lösungen, die "Eigenfunktionen"
nicht explizit, sondern nur in mehr oder weniger guter Näherung zu erhalten. Für die Statistik kommt es nicht auf die genaue Gestalt der
Lösungen an, sondern auf ihre Anzahl. Diese Anzahl läßt sich verhältnismäßig leicht berechnen. Man kann also Statistik mit Eigenfunktionen
als Modell der Materie treiben, ohne diese Eigenfunktionen jemals explizit angeben zu müssen.

Diese Eigenfunktionen werden durch einen Satz von Quantenzahlen und einen Satz von Koordinaten charakterisiert. Die Gesamt-Eigenfunktion des
aus N Molekeln bestehenden Systems kann in einem speziellen Modell als
Produkt über alle Eigenfunktionen der einzelnen Teilchen angesetzt werden:

$$\psi_{ges} = \psi_I(1) \cdot \psi_{II}(2) \cdot \psi_{III}(3) \cdot \cdot \cdot \cdot \qquad (1.1.1)$$

worin die unteren Indizes je einen Satz von Quantenzahlen (nicht not-
wendig alle verschieden) und die Zahlen in den Klammern je einen Satz
von Koordinaten bedeuten.

In der Quantenstatistik wird die Nicht-Unterscheidbarkeit durch die
Bildung von Linearkombinationen aus Funktionen vom Typ der Gl. (1.1.1)
mit vertauschten Koordinatensätzen ausgedrückt. Anschaulich bedeutet
eine solche Linearkombination folgendes:

Zwei Teilchen, jedes gekennzeichnet durch eine Eigenfunktion, lassen
sich anhand ihrer Koordinatensätze unterscheiden, wenn sie weit genug
voneinander entfernt sind.

Fliegen nun die Teilchen aufeinander zu und stoßen zusammen, so gibt
es nach dem Stoß immer noch zwei Funktionen, die sich auch jetzt durch
die Koordinatensätze unterscheiden. Da aber nur Koordinatensätze zur

Unterscheidung zur Verfügung stehen, und die Teilchen sonst nicht unterscheidbar sein sollen, kann man jetzt nicht mehr sagen, welcher Koordinatensatz zu welchem Teilchen gehört. Die einzige Möglichkeit, das System der zwei Teilchen nach dem Stoß zu beschreiben, besteht in der Angabe der beiden Eigenfunktionen in Form einer Linearkombination. Tatsächlich hat dieses Beschreibungsverfahren den Erfolg, daß man im Laufe der weiteren Rechnung eine im Einklang mit der experimentellen Erfahrung additive Entropie erhält.

Für ein System aus zwei Teilchen sind folgende Linearkombinationen möglich:

$$\psi_{sym} = \frac{1}{\sqrt{2}} \left[\psi_I(1)\psi_{II}(2) + \psi_I(2)\psi_{II}(1) \right]$$

$$\psi_{asym} = \frac{1}{\sqrt{2}} \left[\psi_I(1)\psi_{II}(2) - \psi_I(2)\psi_{II}(1) \right] \tag{1.1.2}$$

Für Systeme von vielen Teilchen erhält man die antisymmetrischen Linearkombinationen mit den richtig permutierten Koordinatensätzen, wenn man die einzelnen Funktionen als Determinante anschreibt und dann nach den dafür geltenden Regeln ausrechnet:

$$\psi_{as} = \frac{1}{\sqrt{N!}} \begin{vmatrix} \psi_I(1)\psi_I(2) \cdots \cdots \psi_I(n) \\ \psi_{II}(1) \cdots \cdots \cdots \psi_{II}(n) \\ \psi_{III}(1) \qquad\qquad\quad \vdots \\ \vdots \qquad\qquad\qquad\quad \vdots \\ \vdots \qquad\qquad\qquad\quad \vdots \\ \vdots \qquad\qquad\qquad\quad \vdots \\ \vdots \qquad\qquad\qquad\quad \vdots \\ \psi_N(1) \qquad\qquad\quad\; \psi_N(n) \end{vmatrix} \tag{1.1.3}$$

Die symmetrische Linearkombination erhält man auch aus der Determinantenschreibweise, wenn man diese dadurch abändert, daß alle Vorzeichen + genommen werden:

$$\psi_{sym} = \frac{1}{\sqrt{N!}} \begin{Vmatrix} \psi_I(1)\psi_I(2) \cdots \cdots \psi_I(N) \\ \psi_{II}(1)\psi_{II}(2) \cdots \cdots \psi_{II}(N) \\ \vdots \\ \vdots \\ \vdots \\ \vdots \\ \psi_N(1) \cdots \cdots \cdots \psi_N(N) \end{Vmatrix} \tag{1.1.4}$$

Die Vorzeichenvorschrift ist hier durch die Doppelstriche angedeutet.
Man kann sich von der Wirksamkeit dieser Schreibweise durch Anwendung
auf Gl. (1.1.2) überzeugen. Aus den Rechenregeln für Determinanten
kann man einen wichtigen Unterschied der symmetrischen und der antisymmetrischen Gesamt-ψ-Funktionen sofort erkennen. Eine Determinante
verschwindet immer dann, wenn zwei Zeilen oder zwei Spalten gleich sind.
Das bedeutet, daß die antisymmetrische Gesamtfunktion verschwindet, wenn
zwei Teilchen in allen Koordinaten bzw. Quantenzahlen übereinstimmen.

In der symmetrischen Gesamtfunktion (1.1.4) dagegen dürfen beliebig
viele Teilchen die gleichen Funktionen aufweisen, da hier durch die
Festlegung auf positive Vorzeichen ein Verschwinden der Funktion aus
Permutationsgründen unmöglich ist.

Man hat also in der antisymmetrischen immer nur höchstens ein Teilchen
in einem bestimmten Quantenzustand, während in der symmetrischen Linearkombination beliebig viele Teilchen im gleichen Quantenzustand auftreten
können.

Nach aller experimenteller Erfahrung kann nun in der Natur ein System
entweder nur durch symmetrische oder nur durch antisymmetrische Funktionen beschrieben werden. Welche der beiden Beschreibungen die richtige
für einen speziellen Fall darstellt, kann nur durch das Experiment ent-
schieden werden, ein Wechsel des Systems von einer zur anderen Form der
Eigenfunktionen ist unmöglich.

Da sich die möglichen Besetzungszahlen eines Zustandes in den beiden
Beschreibungsformen wesentlich unterscheiden, muß es eine Statistik
mit antisymmetrischen Eigenfunktionen und eine zweite mit symmetrischen Eigenfunktionen als Modell der Materie geben.

1.2 Grundvorstellungen der Statistik

Der Übergang von der Modellvorstellung zu der Berechnung thermodynamischer Größen wurde durch die folgenden Grundgedanken vollzogen:

1. Alle makroskopisch meßbaren Größen wie z. B. Druck, Energie, Volumen usw. sind Mittelwerte über die mikroskopischen Beiträge einer sehr großen Zahl von Molekeln.

2. Die Gesamtheit der vom betrachteten System umfaßten Molekeln steht in ständiger Wechselwirkung miteinander. Die Art der Wechselwirkung muß im Einzelfall definiert werden. Im Falle des idealen Gases besteht die Wechselwirkung in Stößen der Molekeln miteinander und mit der das System einschließenden Wand. Beim Stoß werden Impulse (Richtung und Geschwindigkeit) ganz oder teilweise ausgetauscht.

3. Durch die Wechselwirkung (Stöße) geht die Möglichkeit verloren, einer bestimmten Molekel eine bestimmte Bewegungsgröße zuzuordnen. Man ist auf Wahrscheinlichkeitsangaben ("Verteilungen") beschränkt, etwa der Art: Von N Molekeln haben x % eine kinetische Energie zwischen ε und $\varepsilon + d\varepsilon$.

4. A priori ist jede beliebige Verteilung möglich. Jede dieser Verteilung ist mit jeder anderen gleich wahrscheinlich. Ein Zustand der Materie, der durch eine dieser Verteilungen, also durch ein Element der Menge aller a priori gleichberechtigten beliebigen Verteilungen beschrieben wird, soll ein "Mikrozustand" heißen. Das Wort "Makrozustand" dagegen soll einen durch die Angabe meßbarer makroskopischer Größen beschriebenen Zustand der Materie bezeichnen.

5. Diese Menge der Mikrozustände besitzt Teilmengen, die sich dadurch auszeichnen, daß sie mit den äußeren Bedingungen des Systems verträglich sind.

Beispiel: Die Gesamtenergie des Systems E sei durch eine äußere Bedingung festgelegt: E = const. Dann könnte alle Energie in einer einzigen Molekel untergebracht sein, während alle anderen Molekeln

ohne Energie bleiben. Es gibt daneben viele Verteilungen, bei denen
jede Molekel einen Bruchteil ε_i der Gesamtenergie enthält, wobei die
Verteilungen alle so beschaffen sein müssen, daß

$$\sum_i n_i \varepsilon_i = E$$

Wird die zu verteilende Größe, hier die Energie, durch eine überall
dichte Zahlenfolge beschrieben, sind unendliche viele Unterteilungen
in Werte ε_i möglich, die Mikrozustände bilden eine unendliche Menge,
deren systemverträgliche Teilmengen ebenfalls unendlich sind. Kann man
dagegen wie im Falle der Energie davon ausgehen, daß die zu verteilende
Größe "gequantelt" ist, so erhält man endliche Teilmengen verträglicher
Mikrozustände, die abzählbar sind.

Historisch hat Boltzmann eine solche Abzählbarkeit dadurch erreicht, daß
die Energiewerte in Gruppen ε_i bis $\varepsilon_i + \delta\varepsilon$ zusammengefaßt wurden, denen
ein einheitlicher diskreter Wert zugeordnet wurde.

6. Ist die Menge der Mikrozustände abzählbar und endlich, kann man den
   Quotienten

$$W = \frac{\text{Mächtigkeit der systemverträglichen Teilmenge}}{\text{Mächtigkeit der gesamten Menge der Mikrozustände}}$$

   als Wahrscheinlichkeit dafür auffassen, daß ein System in einem bestimmten Makrozustand überhaupt möglich ist.

7. Grundaxiom der statistischen Thermodynamik
   Ein beliebiges natürliches System strebt einem Maximum von W zu. Dieses
   Maximum entspricht z. B. dem chemischen (oder auch dem mechanischen)
   Gleichgewicht.

Zur Bestimmung der allein interessierenden Makrogrößen ist es in
der Statistik also erforderlich, die Anzahl aller Mikrozustände ab-
zuzählen, die mit den äußeren Bedingungen des Systems verträglich
sind. Alle diese Mikrozustände sind dann als "günstige Ereignisse"
im Sinne der Statistik zu betrachten. Diese sehr große Zahl, dividiert durch die Zahl aller denkbaren Zustände überhaupt, ergibt die
"Wahrscheinlichkeit eines Makrozustandes". Anstelle der Wahrschein-

lichkeit kann man bequemer das statistische Gewicht verwenden, d. h.
man verzichtet auf die Division der Zahl der günstigen Fälle durch
die Zahl aller möglichen Fälle.

Das Grundaxiom gilt für jede statistische Betrachtung, unabhängig davon, welches Modell man zur Beschreibung eines natürlichen Systems anwendet. Betrachtet man die Moleküle eines Gases als materielle Kugeln
die der klassischen Mechanik gehorchen, so entwickelt sich aus dem
Grundaxiom die "Boltzmann-Statistik". Sind irgendwelche Ergebnisse
der Statistik nicht in Übereinstimmung mit der Wirklichkeit (Messung),
so muß ein der Wirklichkeit besser angepaßtes Modell gewählt werden.
Ein nach aller bisherigen Erfahrung ausreichendes Modell liefern die
Wellenfunktionen der Quantenmechanik. Aus diesem Modell entstehen
die Bose-Einstein- und die Fermi-Dirac-Statistik, die sogenannten
"Quantenstatistiken".

1.3 Statistische Gewichte

a) BOSE-EINSTEIN-STATISTIK (Symmetrische Eigenfunktionen)

Diese Statistik verwendet als Modell der Materie symmetrische Gesamt-Eigenfunktionen der Form (1.1.4). Damit ist von vornherein erlaubt, daß sich
beliebig viele Teilchen in einem und demselben Energie- bzw. Quantenzustand aufhalten dürfen. Die Schrödinger-Gleichung des Systems hat unendlich viele Lösungen der Form (1.1.4), es existieren unendlich viele Energieeigenwerte.

Bei der Translationsbewegung der Teilchen, auf die wir uns zunächst beschränken, liegen diese Eigenwerte so dicht beieinander, daß sie quasi ein
Kontinuum bilden. Somit ist die Anzahl der beschreibenden Funktionen eines
Systems viel größer als die materiell vorhandene Zahl der Teilchen, es gibt
sehr viele unbesetzte Zustände.

Zur Bestimmung des Makrozustandes muß die Anzahl aller mit den äußeren Bedingungen des Systems verträglichen Zustände, d. h. aller Eigenfunktionen,
die mit diesen Bedingungen verträglich sind, abgezählt werden.

Dazu werden die quasi-unendlich vielen Eigenwerte der Größe nach geordnet
und in Gruppen zusammengefaßt.

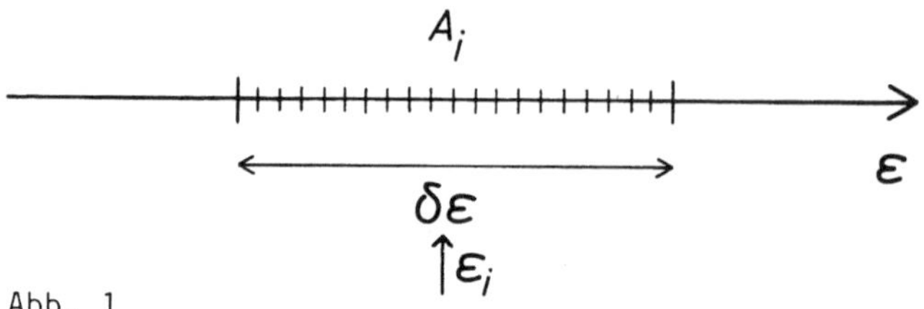

Abb. 1

Jede Gruppe umfaßt einen kleinen Energiebereich $\delta\varepsilon$ und enthält A_i Eigenwerte.
Innerhalb einer Gruppe werden die Eigenwerte zwar gezählt, nicht aber hinsichtlich ihrer Energie unterschieden. Molekeln, deren Energie einem der
Eigenwerte A_i entspricht besetzen diesen Eigenwert. Die Anzahl der von
Teilchen besetzten Eigenwerte sei N_i (Besetzungszahl). Damit lassen sich
innerhalb einer Gruppe $N_i + A_i - 1$ Objekte zur Permutation angeben. Da nun
laut Voraussetzung $N_i < A_i$ und $N_i \gg 1$, ist die Zahl der innerhalb einer Gruppe
möglichen Permutationen (gleichbedeutend mit verschiedenen Funktionen
vom Typ (1.1.4)):

$$(N_i + A_i) \ !$$

Permutationen der Teilchen untereinander, ebenso Permutationen der A_i
untereinander liefern keine neuen Zustände, die obige Anzahl der Permutationen muß also noch durch $N_i!$ und $A_i!$ dividiert werden. Damit erhält
man für die Zahl der in einer Gruppe möglichen verschiedenen Zustände
(gleich verschiedene Mikrozustände innerhalb dieser Gruppe)

$$\frac{(N_i + A_i) \ !}{N_i! \ A_i!} \tag{1.3.1}$$

Jeder Mikrozustand einer Gruppe kann nun zugleich mit jedem Mikrozustand
jeder beliebigen anderen Gruppe vorkommen. Die Anzahl aller Mikrozustände,
das statistische Gewicht des Makrozustandes, wird also durch das Produkt
der Anzahlen in jeder Gruppe dargestellt:

$$G = \prod_i^k \frac{(N_i + A_i) \ !}{N_i! \ A_i!} \tag{1.3.2}$$

Dieses statistische Gewicht liegt der "symmetrischen Quantenstatistik"
oder der "Bose-Einstein-Statistik" zugrunde. Sie beschreibt erfahrungsgemäß alle Teilchen mit ganzzahligem Spin.

b) <u>FERMI-DIRAC-STATISTIK</u> (antisymmetrische Eigenfunktionen)

Diese Statistik behandelt den Fall, daß das System durch eine antisymmetrische Eigenfunktion der Form (1.1.3) beschrieben wird. Der wesentliche Unterschied bei der Abzählung der möglichen Zustände beruht darauf, daß jeweils
nur ein Teilchen in einem Energiezustand auftreten darf (sonst verschwindet
die Determinante). Man sagt auch, daß in einem solchen System das Pauli-
Verbot gilt.

Für die Translation gilt wieder das bei der symmetrischen Statistik über die
Eigenwerte Gesagte, und die Einteilung der Eigenwerte wird wie in Abbildung 1
vorgenommen.

Da nun aber, im Gegensatz zu vorhin, jeder der A_i Eigenwerte nur von höchstens
einem Teilchen besetzt werden kann, stehen in jeder Gruppe nur maximal A_i
Elemente zur Permutation zur Verfügung. Die größte Zahl der Mikrozustände
in einer Gruppe beträgt also $A_i!$. Die Vertauschung nicht besetzter Eigenwerte in der Gruppe, $(A_i - N_i)$, liefert keinen neuen Zustand, ebenso liefert die bloße Vertauschung der besetzten Eigenwerte untereinander, Anzahl $N_i!$, keine neuen Zustände.

Innerhalb einer Gruppe gibt es also nur

$$\frac{A_i!}{(A_i - N_i)! \, N_i!} \tag{1.3.3}$$

verschiedene Zustände. Jeder Zustand dieser Gruppe kann wieder mit jedem
Zustand aller anderen Gruppen kombinieren und dies führt zum statistischen
Gewicht des Makrozustandes nach der antisymmetrischen Quantenstatistik oder
Fermi-Dirac-Statistik:

$$G = \prod_i^k \frac{A_i!}{(A_i - N_i)! \, N_i!} \tag{1.3.4}$$

c) <u>DER BOLTZMANN'SCHE ANSATZ</u> (makroskopische Körper)

Der historische Anstoß zur Entwicklung der statistischen Thermodynamik lag wohl in der Entdeckung der Entropie durch Clausius. Eine Größe, die eine Zeitrichtung festlegt, war für das fest auf der Mechanik gegründete Weltbild der damaligen Wissenschaft ungeheuer aufregend.

Ein Gottesbeweis (Fick) und ein zyklisches Universum von dem im Zusammenhang mit Marx bekannten Engels waren einige der philosophischen Folgen. Boltzmann, konservativer Mathematiker, wollte den Beweis antreten, daß auch nach den Regeln der klassischen Mechanik eine Größe von der Art der Entropie hergeleitet werden kann, die im Laufe der Zeit nur zunehmen kann, wenigstens wenn man von kleinen Schwankungen absieht.

Das Modell der klassischen Mechanik ist der Massenpunkt. Eine abgeschlossene Menge solcher Massenpunkte (Anzahl N) sollte eine gewisse konstante Energiemenge E in Form kinetischer Energie der Translation $E_{kin} = \frac{m}{2} v^2$ enthalten. Die möglichen Werte der Energie eines bestimmten Massenpunktes wurden wie in Abbildung 1 zu Gruppen zusammengefaßt.

Damit unterlag das System zwei Bedingungen

$$\sum_{i}^{k} N_i = N = \text{const} \; ; \; \sum_{i}^{k} N_i \varepsilon_i = E = \text{const} \qquad (1.3.5)$$

wobei k die Anzahl der durch die Einteilung gewonnenen Gruppen darstellt. Die Wechselwirkung der N Partikel untereinander wurde als Stöße elastischer, ausdehnungsloser Massenpunkte festgelegt. Dieses Modell entspricht recht gut unserer Vorstellung vom "idealen Gas". Anstelle der Wahrscheinlichkeit ist es bequemer, nur das "statistische Gewicht", nur die Zahl der "günstigen" Fälle zu berechnen, ohne die Wahrscheinlichkeit auf 1 zu normieren.

Zur Berechnung dieses statistischen Gewichts muß die Menge aller systemverträglichen Mikrozustände abgezählt werden. "Systemverträglich" heißt in unserem Falle Erfüllung der Bedingungen (1.3.5).

Denken wir uns den Bereich der Energie in $k \cdot$ "Kästen" E_i eingeteilt, so ist jede unterscheidbare Verteilung der N Massenpunkte auf eine

diese k Kästen ein neuer Mikrozustand. Nach der Kombinatorik ist die
Zahl der Verteilungen von N Elementen auf k Klassen ohne Berücksichtigung der Anordnung innerhalb der Klassen durch

$$G = \frac{N!}{N_1! N_2! \cdot \cdot \cdot \cdot N_k!} \tag{1.3.6}$$

gegeben. Dies ist das gesuchte statistische Gewicht, d. h. die Zahl der
verträglichen Mikrozustände, wenn bei Festlegung der ε_i und N_i die Bedingung (1.3.5) beachtet wird.

Dieses primitive Modell läßt sich nun, immer noch im Rahmen der klassischen Mechanik, in verschiedener Weise erweitern. Eine notwendige Erweiterung besteht darin, daß man den Partikeln eine räumliche Ausdehnung
zuschreibt. Dann bekommen die Massen zusätzlich zur Translation noch Freiheitsgrade der Rotation, d. h. ein Teil der kinetischen Energie kann nun
auch in Kreiselbewegungen enthalten sein. Bei gleicher kinetischer Energie
der Drehbewegung kann die Kreiselachse in der klassischen Mechanik unendlich viele verschiedene Richtungen annehmen, man kann also Kreisel der
gleichen Energie nach ihren Richtungen unterscheiden. Solche Energiezu-
stände nennt man "entartet", alle Lagen haben die gleiche Energie und
sind daher nicht zu unterscheiden. In der Quantenmechanik kann ein Kreisel nur eine endliche Zahl von verschiedenen räumlichen Lagen einnehmen
(zusätzliche Quantenzahl). Diese Lagen haben zwar auch die gleiche Energie, können aber anhand ihrer Lagen bzw. der entsprechenden Quantenzahl
unterschieden werden. In Gleichung (1.3.6) zählt man nur Zustände verschiedener Energie, muß also, damit die verschiedenen Zustände gleicher
Energie des Kreisels auch als verschiedene Zustände gezählt werden, eine
Korrektur anbringen. Gibt es g verschiedene Lagen (Entartungsgrad), so
resultieren daraus $g_i^{N_i}$ verschiedene Zustände. Für Systeme mit entarteten
Zuständen geht (1.3.6) daher über in

$$G = \frac{N!}{N_1! N_2! \cdot \cdot \cdot \cdot N_k!} \cdot g_1^{N_1} \cdot g_2^{N_2} \cdot \cdot \cdot \cdot g_K^{N_k} \tag{1.3.7}$$

Dieser Ausdruck ist nichts anderes als die aus der gewöhnlichen Statistik
wohlbekannte Multinominal-Verteilung (s. Literatur).

1.4 Das Maximalprinzip und die Entropie

Allen Statistiken ist eine fundamentale Grundannahme gemeinsam:

"Von allen denkbaren verschiedenen Makro-Zuständen stellt sich in
der Natur derjenige ein, der das größte statistische Gewicht besitzt".

Die Thermodynamik kennt ein ganz ähnlich formuliertes Prinzip, den
zweiten Hauptsatz. Auch hier wird behauptet, daß jede spontan ablau-
fende Reaktion die Entropie vergrößert, die damit bei einem natürlichen
Prozess einem Maximum zustrebt. Das "Gleichgewicht" ist erreicht, wenn
die Entropie das mit den Randbedingungen des Systems verträgliche Maximum erreicht hat.

Allerdings wird der zweite Hauptsatz im allgemeinen schärfer formuliert,
wie es in der von Born gegebenen Form zum Ausdruck kommt: Es gibt eine
Funktion S, die Entropie, die durch folgende Eigenschaften gekennzeichnet ist:

$$\text{" 1.} \quad dS = d_e S + d_i S \quad \text{mit} \quad d_e S = \delta q/T$$

wobei die Indizes e und i auf externe bzw. interne Prozesse hinweisen
und δq einen differentiell kleinen Wärmebetrag bedeutet, den das System
mit seiner Umgebung austauscht.

$$\text{2.} \quad d_i S \text{ ist größer oder gleich Null, niemals kleiner Null".}$$

Diese differentielle Aussage, daß es keinen natürlichen Prozess gibt,
bei dem auch nur einmal eine einzige infinitesile spontane Änderung
der Entropie zu negativen Werten erfolgen könnte, ist wesentlich schärfer als die Aussage etwa: "Die Entropie strebt einem Maximum zu". Dieser
letzteren, schwächeren Formulierung des zweiten Hauptsatzes entspricht
das Maximalprinzip der statistischen Thermodynamik. Vorübergehende, kleine
Abweichungen vom Maximalwert des statistischen Gewichtes sind hier also
durchaus zugelassen. Sie bieten Anlaß zu den sogenannten Schwankungs-
Erscheinungen, auf die an späterer Stelle noch eingegangen wird.

Bereits Boltzmann hat erkannt, daß zwischen dem statistischen Gewicht
eines Makrozustandes und der Entropie ein funktionaler Zusammenhang
wegen der gleichlautenden Maximalvorschrift bestehen müsse. Planck

hat diesen Zusammenhang später exakt formuliert: Gegeben seien zwei
gleiche Systeme 1 und 2, deren Entropien S(1) und S(2) bekannt seien.
Betrachten wir nun die Vereinigung der beiden Systeme. Da die Entropie
eine additive Funktion ist, muß gelten:

$$S(1+2) = S(1) + S(2) \qquad (1.4.1)$$

Die beiden Systeme mögen vor der Vereinigung die statistischen Gewichte
G(1) und G(2) besitzen. Wahrscheinlichkeiten und damit auch statistische
Gewichte sind multiplikativ. Für das vereinigte System muß daher gelten:

$$G(1+2) = G(1) \cdot G(2) \qquad (1.4.2)$$

Multiplikation und Addition sind in der angegebenen Weise durch den Logarithmus verbunden. Es läßt sich beweisen, daß der Logarithmus auch die
einzige Funktion ist, die die Funktionalgleichungen (1.4.1) und (1.4.2)
erfüllt. Damit ist bis auf eine noch zu bestimmende universelle Konstante
der Zusammenhang von Entropie und statistischem Gewicht, bzw. zwischen
zweitem Hauptsatz der Thermodynamik und der Grundannahme der Statistik
gegeben:

$$S = k \ln G \qquad (1.4.3)$$

k ist die "Boltzmann-Konstante" mit dem Zahlenwert $1{,}38054 \cdot 10^{-23} J \cdot K^{-1}$.
Wichtig: Aufgrund der Herleitung bezieht sich Gl. (1.4.3) auf den Zustand
des Gleichgewichtes, führt aber auch die Möglichkeit differentiell kleiner spontaner negativer Entropieänderungen in die Thermodynamik ein.

1.5 <u>Die Berechnung des maximalen statistischen Gewichts mit Hilfe der Variationsmethode</u>

Mit der Angabe des statistischen Gewichts eines Makrozustandes sind
die Eigenschaften des gewählten Modells erfaßt. Erfolg oder Nicht-
Erfolg eines Modells kann nur an den Folgerungen gemessen werden,
die sich aus der weiteren Behandlung des statistischen Gewichts ergeben.

Das statistische Gewicht G ist eine Funktion der k Variablen N_i,
d. h. eine Funktion der Verteilung der im System vorhandenen Teilchen
auf die vorgegebenen, unterscheidbaren Energiewerte. Die mathematische
Aufgabe besteht also darin, das Maximum von G als Funktion der k Variablen N_i zu ermitteln. Die Schwierigkeiten dieser Aufgabe liegen im Auftreten der Fakultät in den entsprechenden Gleichungen. Es gibt mehrere
Methoden zur Lösung der Aufgabe, hier wird die mathematisch einfachste
gewählt, die auch außerhalb der eigentlich chemischen Fragestellungen
häufig nützlich ist.

Hierbei verzichtet man darauf, den Zahlenwert des statistischen Gewichts
unmittelbar zu berechnen, sondern berechnet den Logarithmus von G. Dies
ändert nichts an der gestellten Aufgabe, da der Logarithmus eine monotone
Funktion des Arguments ist, also ein Maximum an derselben Stelle hat,
wie sein Argument.

Damit geht zum Beispiel Gleichung (1.3.6) über in

$$\ln G = \ln N! - \sum_{i=1}^{k} \ln N_i! \tag{1.5.1}$$

Gleichung (1.3.7) geht über in

$$\ln G = \ln N! - \sum_{i=1}^{k} \ln N_i! + \sum_{i=1}^{k} N_i \ln g_i \tag{1.5.2}$$

Gleichung (1.3.2) geht über in:

$$\ln G = \sum_{i=1}^{k} \ln (N_i + A_i)! - \sum_{i=1}^{k} \ln N_i! - \sum_{i=1}^{k} \ln A_i! \tag{1.5.3}$$

und schließlich geht (1.3.4) über in

$$\ln G = \sum_{i=1}^{k} \ln A_i! - \sum_{i=1}^{k} \ln (A_i - N_i)! - \sum_{i=1}^{k} \ln N_i! \tag{1.5.4}$$

Die Vereinfachung des Verfahrens liegt nun in der Verwendung eines
Nährungsausdrucks für $\ln N_i!$, der Stirlingschen Formel in ihrer einfachsten Form:

$$\ln N! = N \ln N - N \tag{1.5.5}$$

<u>Anmerkung:</u> Ergänzung durch $+ \ln \sqrt{2\pi N}$ auf der rechten Seite für kleine
Werte von N.

Tabelle 1. Vergleich von exakter Berechnung und Berechnungen nach der Sfrlingschen Formel für den Logarithmus der Fakultät

N	$\ln N!$ $\sum_{i=1}^{N} \ln i$	$\ln N!$ $N\ln N - N$	$\ln N!$ $N\ln N - n + \ln\sqrt{2\pi N}$
10	15,10441	13,02585	15,09608
20	42,33561	39,91464	42,33145
30	74,65824	72,03592	74,65546
50	148,4777	145,60115	148,47610
100	363,7394	360,5170	363,7385
300	1414,906	1411,135	1414,906
500	2611,330	2607,304	2611,330
1000	5912,128	5907,755	5912,128
10000	82108,92779	82103,403	82108,92783

Man beachte, daß die verkürzte Stirling-Formel bei 10000 Teilchen schon auf 0,007 % mit dem exakt berechneten Wert übereinstimmt.

Die Stirlingsche Näherung mag auf den ersten Blick bedenklich erscheinen. Sie liefert bei kleinen Werten der Variablen recht schlechte Werte für den Logarithmus der Fakultät wie das Zahlenbeispiel deutlich zeigt. Man erkennt aus dem Beispiel aber ebenso deutlich, daß der Fehler im Logarithmus der Fakultät schon bei 70 Teilchen in die Größenordnung gängiger Experimentierfehler kommt (ca. 1 % in $\ln N!$). Da wir in unserer Statistik aber mit Teilchenzahlen von der Ordnung der Loschmidt'schen Zahl zu tun haben, und die thermodynamischen Funktionen wegen Gl. (1.4.3) vom Logarithmus der Fakultät abhängig sind, kann für unsere Zwecke die Darstellung der Fakultät durch die Stirlingsche Formel als hinreichend genau angesehen werden. Durch Einsetzen der Stirling-Formel in (1.5.1 bis 1.5.4) erhält man dann die folgenden Gleichungen, wenn man noch die Nebenbedingung konstanter Teilchenzahl aus (1.3.5), $\Sigma N_i = N$, berücksichtigt:

$$\ln G = N\ln N - \sum_{i=1}^{k} N_i \ln N_i \qquad\qquad (1.5.6)$$

Boltzmann-Statistik

$$\ln G = N\ln N - \sum_{i=1}^{k} N_i \ln N_i + \sum_{i=1}^{k} N_i \ln g_i \qquad (1.5.7)$$

Boltzmann-Statistik, Entartungen

$$\ln G = \sum_{i=1}^{k} (N_i+A_i)\ln(N_i+A_i) - \sum_{i=1}^{k} N_i \ln N_i - \sum_{i=1}^{k} A_i \ln A_i \qquad (1.5.8)$$

Bose-Einstein-Statistik

$$\ln G = \sum_{i=1}^{k} A_i \ln A_i - \sum_{i=1}^{k} (A_i-N_i)\ln(A_i-N_i) - \sum_{i=1}^{k} N_i \ln N_i \qquad (1.5.9)$$

Fermi-Dirac-Statistik

Für die weitere Bearbeitung beachte man, daß in obigen Ausdrücken nur die N_i als Variable auftreten, während über die A_i bereits bei der Einteilung der Energie (siehe Abbildung 1) verfügt wurde.

Im weiteren ist nun das Maximum der in (1.5.6) bis (1.5.9) angegebenen Funktionen bezüglich der k Variablen N_i bei gleichzeitiger Berücksichtigung der beiden Randbedingungen $\Sigma N_i = N$ und $\Sigma \varepsilon_i N_i = E$ aufzusuchen. Dies geschieht nach der Lagrange'schen Multiplikatoren-Methode, für deren Beweis auf P. Funk (siehe Literatur) verwiesen werden kann.

G und ln G sind Funktionen von k Variablen N_i. Für einen Extremwert muß die erste Ableitung von ln G nach allen N_i verschwinden. Dieses muß für beliebige, willkürliche Änderungen der N_i gelten, die zueinander in keiner funktionalen Beziehung zu stehen brauchen. Solche kleinen willkürlichen Änderungen der Variablen nennt man Variationen und bezeichnet sie mit δN_i.

Am Maximum muß gelten:

$$\delta \ln G = 0,$$

ausgeschrieben erhält man

$$\frac{\partial \ln G}{\partial N_1} \delta N_1 + \frac{\partial \ln G}{\partial N_2} \delta N_2 + \cdots \frac{\partial \ln G}{\partial N_k} \delta N_k = 0 \qquad (1.5.10)$$

Die Nebenbedingungen werden ebenfalls variiert und ergeben

$$\sum_{i=1}^{k} \delta N_i = 0$$

$$\sum_{i=1}^{k} \varepsilon_i \delta N_i = 0$$

(1.5.11)

da ja die Gesamtzahl der Teilchen und die Gesamt-Energie bei der Variation nicht geändert werden sollen. Die Methode der Lagrange'schen Multiplikatoren besteht nun darin, die Variationsgleichung für ln G und die beiden variierten Nebenbedingungen mit willkürlichen Zahlenfaktoren zu multiplizieren, zu addieren und die entstandene Gleichung zu lösen. Anschließend werden die Multiplikatoren in geeigneter Weise bestimmt. Es ist bequem, den ersten der Multiplikatoren, also den für dln G gleich 1 zu setzen, die anderen seien α und β.

Für den Fall der Bose-Einstein-Statistik (1.5.8) erhält man durch Differenzieren nach den N_i und Nullsetzen der Variation folgende Zeilen:

$$\ln G = \sum_{i=1}^{k} \left[(N_i + A_i) \ln(N_i + A_i) - N_i \ln N_i - A_i \ln A_i \right]$$

$$\delta \ln G = \sum_{i=1}^{k} \left[\ln(N_i + A_i) + \frac{N_i + A_i}{N_i + A_i} - \ln N_i - \frac{N_i}{N_i} \right] \delta N_i$$

$$= \sum_{i=1}^{k} \ln \frac{(N_i + A_i)}{N_i} \, \delta N_i = 0$$

(1.5.12)

Alle Glieder dieser Summe und alle Glieder der variierten Nebenbedingungen haben den Faktor δN_i gemeinsam, so daß man aus der Addition von (1.5.10) und (1.5.11) zu (1.5.12) erhält

$$\sum_{i=1}^{k} \left[\ln \frac{N_i + A_i}{N_i} + \alpha + \beta \varepsilon_i \right] \delta N_i = 0$$

(1.5.13)

Da, laut Voraussetzung die δN_i ganz beliebige, willkürliche Verrückungen darstellen, kann (1.5.13) nur erfüllt sein, wenn der Ausdruck in der Klammer identisch verschwindet:

$$\ln \frac{(N_i + A_i)}{N_i} + \alpha + \beta \varepsilon_i = 0$$

(1.5.14)

Daraus ergibt sich schließlich

$$N_i = \frac{A_i}{e^{-\alpha} e^{-\beta \varepsilon_i} - 1} \tag{1.5.15}$$

Unter den Voraussetzungen der Bose-Einstein-Statistik erhält man also gerade dann ein Maximum des statistischen Gewichts für den Makrozustand und, über Gleichung (1.4.3), die Entropie des im Gleichgewicht befindlichen Systems, wenn die Besetzungszahlen der einzelnen Energiebereiche aus Abbildung 1 der Beziehung (1.5.15) gehorchen.

Für die Fermi-Dirac-Statistik erhält man nach dem gleichen Rezept aus (1.5.9)

$$N_i = \frac{A_i}{e^{-\alpha} e^{-\beta \varepsilon_i} + 1} \tag{1.5.16}$$

Für die Boltzmann-Statistik ohne Entartungen folgt nach Variation von (1.5.1) analog zu (1.5.14)

$$-\ln N_i - 1 + \beta \varepsilon_i + \alpha = 0 \tag{1.5.17}$$

Daraus ergibt sich die Verteilungsfunktion

$$N_i = e^{\alpha - 1} e^{\beta \varepsilon_i} \tag{1.5.18}$$

Hieraus kann man durch Anwendung der Nebenbedingung konstanter Teilchenzahl, $\Sigma N_i = N$ eine Bestimmungsgleichung für den Lagrange-Parameter gewinnen:

$$e^{\alpha - 1} = \frac{N}{\sum\limits_{i=1}^{k} e^{\beta \varepsilon_i}} \tag{1.5.19}$$

Das hier auftretende α muß natürlich nicht mit dem in der Bose-Einstein-Statistik vorkommenden Parameter identisch sein, da ja die Variationsgleichung eine andere Gestalt hat.

Für die Boltzmann-Statistik mit Entartungen erhält man aus der Variation von Gl. (1.3.7) bzw. (1.5.2)

$$-\ln N_i - 1 + \ln g_i + \beta \varepsilon_i + \alpha = 0 \tag{1.5.20}$$

Daraus folgt die Verteilungsfunktion

$$N_i = g_i \, e^{\alpha-1} e^{\beta\varepsilon_i} \tag{1.5.21}$$

Wieder ergibt sich aus der Bedingung der konstanten Teilchenzahl eine Bestimmungsgleichung für α :

$$e^{\alpha-1} = \frac{N}{\sum\limits_{i=1}^{k} g_i \, e^{\beta\varepsilon_i}} \tag{1.5.22}$$

1.6 Bestimmung der "Multiplikatoren"

a) $\int$ " β "

Die Gleichungen (1.5.14) bis (1.5.22) geben diejenigen Verteilungen der N_i an, für die nach der jeweiligen Statistik das Maximum des statistischen Gewichts und damit, über $S = k \ln G$, das Maximum der Entropie erreicht wird. Für den Fall des idealen Gases ist die Bose-Einstein-Statistik zunächst die plausibelste Annahme: beliebig viele Teilchen können im gleichen Energiezustand vorkommen, die Teilchen sind nicht unterscheidbar und es gibt sicher mehr translatorische Zustände als Teilchen, wenn wir an ein nicht zu stark komprimiertes Gas denken. Wir verwenden daher das statistische Gewicht der Gl. (1.3.2) in der Stirling-Näherung von Gl. (1.5.8), multiplizieren mit k und erhalten für die Entropie:

$$S = k \sum\limits_{i=1}^{k} \left[(N_i+A_i)\ln(N_i+A_i) - (N_i+A_i) + N_i + A_i - N_i\ln N_i - A_i\ln A_i \right] \tag{1.6.1}$$

die durch einfaches Umordnen in

$$S = k \sum\limits_{i=1}^{k} \left[N_i \ln \frac{N_i+A_i}{N_i} + A_i \ln \frac{N_i+A_i}{A_i} \right] \tag{1.6.2}$$

übergeht. Nun wird in die Argumente der Logarithmen die Verteilungsfunktion (1.5.14) eingesetzt. Zur Abkürzung schreiben wir für $e^{-\alpha}$ den Buchstaben B. Man erhält sofort

$$\ln \frac{N_i+A_i}{N_i} = \ln B - \beta\varepsilon_i \tag{1.6.3}$$

und, nach längerem Umformen aus $\dfrac{N_i + A_i}{A_i}$:

$$\ln \frac{(N_i + A_i)}{A_i} = -\ln\left(1 - \frac{1}{B}\, e^{+\beta\varepsilon_i}\right) \tag{1.6.4}$$

Die Gestalt der rechten Seite legt es nahe den Fall zu untersuchen, daß B eine sehr große Zahl ist, weil sich dann der Logarithmus nach $\ln(1-x) = -x$ zu

$$\ln \frac{(N_i + A_i)}{A_i} = \frac{1}{B\, e^{-\beta\varepsilon_i}} \tag{1.6.5}$$

vereinfachen läßt. Einsetzen in (1.6.2) liefert zunächst

$$S = k\left[\sum_{i=1}^{k} N_i (\ln B - \beta\varepsilon_i) + \sum_{i=1}^{k} \frac{A_i}{B e^{-\beta\varepsilon_i}}\right] \tag{1.6.6}$$

und, da der rechte Term in der Klammer im betrachteten Spezialfall nicht anderes darstellt als die Summe über alle N_i, also N:

$$S = kN\,[\ln B - \beta\bar\varepsilon + 1] \tag{1.6.7}$$

Hierin wurde noch die mittlere Energie $\bar\varepsilon$ eines Teilchens

$$\sum_{i=1}^{k} \varepsilon_i N_i = E = N\bar\varepsilon \tag{1.6.8}$$

eingeführt, eine Größe, deren Sinn sofort klarwerden wird.

Wir erhalten nämlich durch Einsetzen der Verteilungsfunktion (1.5.15) in (1.6.8)

$$\sum_{i=1}^{k} \frac{\varepsilon_i A_i}{B e^{-\beta\varepsilon_i} - 1} = N\bar\varepsilon \tag{1.6.9}$$

Wenn wir jetzt noch die gleiche Annahme machen wie in (1.6.4), daß nämlich B eine sehr große Zahl sei, erhalten wir

$$\bar\varepsilon = \frac{\displaystyle\sum_{i=1}^{k} \varepsilon_i A_i e^{\beta\varepsilon_i}}{\displaystyle\sum_{i=1}^{k} A_i e^{\beta\varepsilon_i}} \tag{1.6.10}$$

Man kann erkennen, daß der Ausdruck im Zähler nichts anderes darstellt, als die Ableitung des Nenners nach β und kann für die mittlere Energie schließlich, weil $1/x \cdot dx = d\ln x$, schreiben

$$\bar{\varepsilon} = \frac{\partial}{\partial \beta} \ln \sum_{i=1}^{k} A_i e^{\beta \varepsilon_i} \tag{1.6.11}$$

(Es sei hier angemerkt, daß Ausdrücke von der Form der Summe in (1.6.11), besonders in der Boltzmann-Statistik eine wichtige Rolle spielen.) Zunächst soll die genannte Summe durch B ausgedrückt werden. Durch Einsetzen von (1.6.10) in (1.6.9) erhält man für $B \gg 1$

$$\ln B = \ln \sum_{i=1}^{k} A_i e^{\beta \varepsilon_i} - \ln N \tag{1.6.12}$$

Schließlich folgt durch Einsetzen in (1.6.11)

$$\bar{\varepsilon} = \frac{\partial}{\partial \beta} (\ln B + \ln N) = \frac{\partial}{\partial \beta} \ln B \tag{1.6.13}$$

Wir haben damit zwei thermodynamische Funktionen unseres Systems gewonnen, die Entropie und die Innere Energie U, die hier durch $E = N\bar{\varepsilon} = U$ dargestellt wird. Aus U und S kann man nach der Thermodynamik die Temperatur berechnen

$$\frac{\partial U}{\partial S}\bigg/_V = T \tag{1.6.14}$$

Da es sich um Zustandsfunktionen handelt, kann die Differentiation nach einem Parameter folgendermaßen vorgenommen werden:

$$\frac{\partial U}{\partial \beta}\bigg/_V : \frac{\partial S}{\partial \beta}\bigg/_V = T \tag{1.6.15}$$

Aus (1.6.13) folgt

$$\frac{\partial U}{\partial \beta}\bigg/ = N \frac{\partial^2}{\partial \beta^2} \ln B \tag{1.6.16}$$

und aus (1.6.7) durch Einsetzen von (1.6.13)

$$S = k N \left[\ln B - \beta\frac{\partial}{\partial \beta} \ln B + 1 \right] \tag{1.6.17}$$

Differentiatiom nach β liefert

$$\frac{\partial S}{\partial \beta}\bigg/_V = - kN\beta \frac{\partial^2}{\partial \beta^2} \ln B \tag{1.6.18}$$

Schließlich wegen (1.6.15)

$$T = - \frac{N \frac{\partial^2}{\partial \beta^2} \ln B}{k N \beta \frac{\partial^2}{\partial \beta^2} \ln B} = - \frac{1}{k \beta} \qquad (1.6.19)$$

und damit ist β bestimmt zu

$$\beta = - \frac{1}{kT} \qquad (1.6.20)$$

Es sei vermerkt, daß β häufig als "statistisches Analogon der Temperatur" bezeichnet wird.

b) Bestimmung von "α" bzw. B

Der Exponent α tritt nur für sich allein auf, er ist nicht an die Energie geknüpft. Er kann daher nur die Bedeutung einer Maßstabsgröße haben, die dafür sorgt, daß die richtige Anzahl der Teilchen im System erhalten bleibt.

Zur Berechnung von B setzt man einen der Ausdrücke (1.5.15), (1.5.16), (1.5.18), (1.5.21) in die Bedingung der konstanten Teilchenzahl ein und versucht die Summation auszuführen. Speziell im Falle der Bose-Einstein-Statistik (1.5.15) lautet die Bedingung der konstanten Teilchenzahl dann:

$$N = \sum_{i=1}^{k} \frac{A_i}{Be^{+\frac{\varepsilon_i}{kT}} - 1} \qquad (1.6.21)$$

Um aus dieser Beziehung eine handgreifliche Zahl zu gewinnen, muß nun ein konkretes System gewählt werden. Wir wählen dazu ein ideales Gas, dessen Ψ - Funktion und Eigenwerte durch die Lösungen der Schrödinger-Gleichung für das Teilchen in einem Kasten gegeben sind (siehe zum Beispiel Heilbronner und Bock). Als Kasten wählen wir der Einfachheit halber einen Kubus mit der Seitenlänge a. Die Eigenwerte dieses Problems lauten

$$\varepsilon = \frac{h^2}{8ma^2} \left(n_x^2 + n_y^2 + n_z^2 \right) \qquad (1.6.22)$$

worin die n_x, n_y, n_z die Quantenzahlen für die Translation in x, y, z-Richtung bedeuten. Andere Freiheitsgrade kommen für ein ideales Gas nicht in Betracht.

Wegen der extrem kleinen Energieabstände der Translation kann man nun die
Summe in Gl. (1.6.21) durch ein Integral ersetzen:

$$N = \sum_{i=1}^{k} \frac{A_i}{Be^{+\frac{\epsilon i}{kT}} - 1} \Rightarrow N = \int_{0}^{\epsilon_{max}} \frac{A(\epsilon)d\epsilon}{Be^{\epsilon/kT} - 1} \qquad (1.6.23)$$

Dieses Integral ist nicht geschlossen auswertbar, man muß sich also,
wenn man allgemeine Aussagen erhalten will, auf die Grenzfälle $B \gg 1$
oder $B \ll 1$ beschränken.

$$B \gg 1 : N = \frac{1}{B} \int_{0}^{\epsilon_{max}} A(\epsilon)e^{-\epsilon/kT} d\epsilon$$

$$\qquad (1.6.24)$$

$$B \ll 1 : N = - \int_{0}^{\epsilon_{max}} A(\epsilon)d\epsilon$$

Das letztere Integral hat in der Natur keinen Sinn. Wir können uns daher
auf den Grenzfall $B \gg 1$ beschränken, den wir schon bei der bisherigen
Ableitung von β betrachtet haben.

Um das Integral auszuführen, muß eine analytische Form von A (ϵ) angegeben werden. A (ϵ) bedeutet (siehe Abbildung 1) die Anzahl der in einem kleinen Energieintervall der Größe $d\epsilon$ enthaltenen verschiedenen Ener-
giezustände, d. h. der Eigenwerte in diesem Intervall. Diese Eigenwerte
werden durch die drei Quantenzahlen n_x, n_y und n_z bestimmt, diese müssen
also innerhalb des Intervalles $d\epsilon$ abgezählt werden:

$$A(\epsilon) = \iiint_{\epsilon}^{\epsilon+d\epsilon} dn_x \, dn_y \, dn_z \qquad (1.6.25)$$

(Die Integration ist hier zulässig, weil die Quantenzahlen sehr groß sind,
während sie sich im Intervall $d\epsilon$ nur wenig ändern.)

Da das Integral nur über einen differentiell kleinen Bereich erstreckt
wird, kann man auch schreiben:

$$A(\epsilon) = \frac{d}{d\epsilon} \iiint_{0}^{\epsilon} dn_x \, dn_y \, dn_z \qquad (1.6.26)$$

(Man überzeuge sich im Bedarfsfall durch Anwendung der Definition des
Differentialquotienten.)

Die Eigenwertgleichung (1.6.22) kann man auf die Normalform einer Kugel
umschreiben:

$$1 = \frac{n_x^2}{\varepsilon \cdot \frac{8ma^2}{h^2}} + \frac{n_y^2}{\varepsilon \frac{8ma^2}{h^2}} + \frac{n_z^2}{\varepsilon \frac{8ma^2}{h^2}} \qquad (1.6.27)$$

Dies beschreibt eine Kugel vom Radius $r = (\varepsilon \cdot 8\,ma^2/h^2)^{1/2}$ im Raume
der n_x, n_y und n_z. Das Volumen dieser Kugel enthält auch negative Werte
für n, diese sind aber nicht als Quantenzahlen zugelassen, sondern nur
solche n, die in den positiven Oktanten fallen, also nur 1/8 des Kugel-
volumens. Wir können nun das Integral in (1.6.26) durch das Kugelvolumen
im n-Raum ausdrücken, wobei die obere Grenze ε den Radius der Kugel bestimmt.

$$\int\!\!\int\!\!\int_0^\varepsilon dn_x dn_y dn_z = \frac{1}{8} \cdot \frac{4\pi}{3} r^3 = \frac{1}{8} \cdot \frac{4\pi}{3} \varepsilon^{3/2} \left(\frac{8ma^2}{h^2} \right)^{3/2} \qquad (1.6.28)$$

Schließlich erhalten wir durch Differenzieren nach ε und Zusammenfassen:

$$A(\varepsilon) = 2\pi\varepsilon^{1/2} (2m)^{3/2} \cdot \frac{v}{h^3} \qquad (1.6.29)$$

wobei anstelle a^3 das Volumen des Systems, v, eingesetzt ist.

Mit (1.6.29) geht nun (1.6.23) für den Fall B >> 1 über in

$$N = \frac{1}{B} 2\pi (2m)^{3/2} \frac{v}{h^3} \int_0^\varepsilon \frac{\varepsilon^{1/2}}{e^{\varepsilon/kT}} d\varepsilon \qquad (1.6.30)$$

Das bestimmte Integral vom obigen Typ findet man in jeder Integraltafel,
z. B. im "Handbook of Chemistry and Physics" als

$$\int_0^\infty \sqrt{x}\, e^{-ax} = \frac{1}{2a} \sqrt{\frac{\pi}{a}}$$

Mit a = 1/kT folgt dann aus (1.6.30):

$$B = \frac{(2\pi mkT)^{3/2}}{h^3} \cdot \frac{v}{N} \qquad (1.6.31)$$

Die Größe von B und damit die Gültigkeit unserer bisherigen Ableitungen
hängt also von der Temperatur, der Masse und der Dichte ab. Die Tabelle 2
gibt einige Zahlenwerte zur Orientierung. Man sieht, daß selbst für Wasserstoff oberhalb des Siedepunktes und erst recht für Sauerstoff oberhalb des Siedepunktes, die Bedingung B >> 1 gut erfüllt ist.

Tabelle 2. Bose-Einstein-B und die Entropie für verschiedene Werte von M und T

T \ M	2	4	28	150	
20	$1,77 \cdot 10^3$	$5,01 \cdot 10^3$	$9,28 \cdot 10^4$	$1,15 \cdot 10^6$	B
	82,97	91,62	115,9	136,8	S [J/mol grd]
	19,83	21,9	27,70	32,70	S [cal/mol grd]
100	$1,98 \cdot 10^4$	$5,6 \cdot 10^4$	$1,04 \cdot 10^6$	$1,29 \cdot 10^7$	B
	103,0	111,7	136,0	156,9	S [J/mol grd]
	24,63	26,69	32,49	37,50	S [cal/mol grd]
300	$1,03 \cdot 10^5$	$2,91 \cdot 10^5$	$5,39 \cdot 10^6$	$6,68 \cdot 10^7$	B
	116,7	125,4	149,7	170,6	S [J/mol grd]
	27,9	29,97	36,77	40,77	S [cal/mol grd]
1000	$6,26 \cdot 10^5$	$1,77 \cdot 10^6$	$3,28 \cdot 10^7$	$4,07 \cdot 10^8$	B
	131,8	140,4	164,7	185,6	S [J/mol grd]
	31,49	33,56	39,36	44,36	S [cal/mol grd]

Ein ganz anderes Bild bietet sich für das Elektron. Dieses gehorcht
zwar der Fermi-Dirac-Statistik, die dort auftretende Größe B ist aber
mit dem Bose-Einstein-B identisch. Beim Elektron ist nicht nur die Masse
einen Faktor 1000 kleiner, sondern auch zusätzlich noch das Molvolumen
(es entspricht etwa dem Molvolumen der Metalle, also ca. 20 cm^3). Andererseits kann man sich schon hier überlegen, daß ein stark verdünntes Elektro-
nengas, wie es z. B. in Halbleiter-Oberflächen vorkommen kann, unter Umständen doch mit der Vereinfachung $B \gg 1$ behandelt werden kann.

Für das praktische Rechnen ist es zweckmäßig, die in (1.6.31) vorkommenden
Größen so zu zerlegen, daß alle Konstanten in einer Größe zusammengefaßt
sind. Weiter kann man sich auf den Logarithmus von B beschränken, da alle
thermodynamischen Größen der Translation über diesen berechnet werden.
Man erhält zunächst für ein Mol (N = L):

$$\ln B = \frac{3}{2} \ln \frac{2\pi k}{h^2} + \frac{3}{2} \ln \frac{M}{L} + \ln \frac{V}{L} + \frac{3}{2} \ln T \qquad (1.6.32)$$

und daraus mit den Werten der Naturkonstanten aus der Tabelle im Anhang,
sowie unter Berücksichtigung der Maßeinheiten kg für Molgewicht und m^3
für das Molvolumen

$$\ln B = 1,9463 + \frac{3}{2} \ln M + \frac{3}{2} \ln T \qquad (1.6.33)$$

Damit sind die beiden unbekannten Parameter aus der Lagrange'schen Methode
bestimmt, und wir können erste thermodynamische Funktionen berechnen.

1.7 Energie und Entropie nach Bose-Einstein-Statistik

Gleichung (1.6.13) für die mittlere Energie eines Teilchens

$$\bar{\varepsilon} = \frac{\partial}{\partial \beta} \ln B$$

geht durch Einsetzen von $\beta = -1/kT$ über in

$$\bar{\varepsilon} = kT^2 \frac{\partial}{\partial T} \ln B \qquad (1.7.1)$$

Durch Ausführen der Differentiation von (1.6.33) nach T erhält man

$$\bar{\varepsilon} = kT^2 \cdot \frac{3}{2} \cdot \frac{1}{T} = \frac{3}{2} kT \qquad (1.7.2)$$

also den bekannten klassischen Wert aus dem Gleichverteilungssatz,
der für genügend hohe Temperaturen gilt. Dieser Grenzfall wird hier
durch unsere Forderung B >> 1 herbeigeführt. Durch Differenzieren
erhält man den entsprechenden Hochtemperatur-Grenzwert für den Trans-
lationsanteil der spezifischen Wärme $C_v = \frac{3}{2} R$. Mit dem Wert für die
mittlere Energie und den nun bekannten Werten für B und β geht
(1.6.17) für die Entropie über in

$$S = kN \left[\ln B + \frac{3}{2} \frac{kT}{kT} + 1 \right]$$

$$S = kN \left[\ln B + 5/2 \right]$$

(1.7.3)

und schließlich mit ln B aus (1.6.33) in

$$S = 4{,}446_3 + \frac{3}{2} \ln M + \frac{3}{2} \ln T \tag{1.7.4}$$

Die Rechnung ist leicht für einige Edelgase auszuführen und ergibt
für die Standardtemperatur von 298 K:

Tabelle 3.

Gas	M	$S_{berechnet}$	$S_{experiment.}$
He	4,003	29,952	30,126
Kr	83,80	39,02	39,17
Xe	131,3	40,356	40,53

Man sollte nicht zu abgebrüht oder gleichgültig sein, diese Ergebnisse einmal auf sich wirken lassen: Aus dem einfachsten Modell
der Quantentheorie, dem Kasten, folgt über einen einfachen kombi-
natorischen Ansatz mit Stirling-Formel und Variationsrechnung die
Entropie, also eine makroskopische Größe von fundamentaler Bedeutung
mit einer Genauigkeit, die diejenige der besten Experimente erreicht
oder gar übertrifft!

1.8 Freie Energie, chemisches Potential und die thermodynamische Interpretation von B

Aus der Entropie und der Energie läßt sich sofort die Freie Energie zusammensetzen:

$$F = U - T S.$$

Man erhält aus (1.7.2) und (1.7.3) sofort für ein System aus N Teilchen:

$$F = \frac{3}{2} NkT - NkT\left(\ln B + \frac{5}{2}\right) = - NkT(\ln B + 1) \tag{1.8.1}$$

Das chemische Potential einer einzigen Teilchensorte bei gegebener Temperatur und gegebenem Volumen erhält man aus (1.8.1) durch Differentiation nach der Teilchenzahl:

$$\mu = \left.\frac{\partial F}{\partial N}\right|_{T,V} = \frac{3}{2} kT - kT\left(\ln B + \frac{5}{2}\right) - NkT \left.\frac{\partial \ln B}{\partial N}\right|_{T,V} \tag{1.8.2}$$

Mit B aus (1.6.31)

$$B = \frac{(2\pi mkT)^{3/2}}{h^3} \frac{V}{N}$$

erhält man über den Logarithmus

$$\ln B = \frac{3}{2} \ln \frac{2\pi mkT}{h^2} + \ln V - \ln N$$

zunächst

$$\left.\frac{\partial \ln B}{\partial N}\right|_{T,V} = \frac{1}{N}$$

Damit geht der letzte Term von Gl. (1.8.2) in kT über und man erhält für das chemische Potential

$$\mu = \frac{3}{2} kT + kT - kT\ln B - \frac{5}{2} kT$$

$$\mu = - kT\ln B \tag{1.8.3}$$

und schließlich

$$B = e^{-\frac{\mu}{kT}} \tag{1.8.4}$$

Die "absolute Aktivität" der Thermodynamik ist als $a_{abs} = \exp(+\mu/kT)$ definiert. Durch Vergleich dieser Definition mit (1.8.4) sieht man, daß die Größe B genau dem Kehrwert der absoluten Aktivität entspricht. Es ergibt sich weiter, daß der Lagrange-Parameter α in der Verteilungsfunktion (1.5.14) mit μ/kT identisch ist, da wir ja $\exp(-\alpha) = B$ gesetzt hatten.

Die frühere Forderung, daß B eine sehr große Zahl sein solle, wird nach (1.6.31) und (1.8.4) erfüllt, wenn das chemische Potential eine negative Zahl ist, wenn die Temperatur "hoch" und die Dichte N/V klein ist.

Schließlich kann man noch die Verteilungsfunktion der Bose-Einstein-Statistik (1.5.15) mit Hilfe des chemischen Potentials umschreiben in

$$N_i = \frac{A_i}{e^{\frac{\varepsilon_i - \mu}{kT}} - 1} \tag{1.8.5}$$

Diese Schreibweise ist nützlich, wenn man z. B. offene Systeme, also solche, bei denen unter fester Temperatur und festem Volumen sich die Teilchenzahl frei einstellen kann, behandeln will. Die Größe B läßt sich in solchen Fällen schlecht explizit angeben, wohl aber häufig das chemische Potential aus Gleichgewichtsbetrachtungen herleiten.

Es sei noch bemerkt, daß durch Differentiation von (1.8.1) nach V wegen

$$P = \left.\frac{\partial F}{\partial V}\right|_{T,N} \quad \text{und} \quad \left.\frac{\partial \ln B}{\partial V}\right|_{T,N} = \frac{1}{V}$$

das ideale Gasgesetz $P = \dfrac{RT}{V}$ erhalten wird, wie es der Voraussetzung nicht vorhandener Wechselwirkung zwischen den Teilchen entspricht.

1.9 Vergleich der Statistiken

a) Übersicht

Der besseren Übersicht halber seien hier die bisher erhaltenen Verteilungsfunktionen noch einmal mit den jeweiligen Konstanten zusammengestellt:

Bose-Einstein-Statistik:

Aus (1.5.15), (1.6.20) und (1.8.4) ergibt sich

$$N_i = \frac{A_i}{B\,e^{+\varepsilon_i/kT} - 1} \qquad \text{bzw.} \qquad N_i = \frac{A_i}{e^{(\varepsilon_i-\mu)/kT} - 1} \qquad (1.9.1)$$

Fermi-Dirac-Statistik:

Aus (1.5.16), (1.6.20) und (1.8.4) ergibt sich

$$N_i = \frac{A_i}{B\,e^{+\varepsilon_i/kT} + 1} \qquad \text{bzw.} \qquad N_i = \frac{A_i}{e^{(\varepsilon_i-\mu)/kT} + 1} \qquad (1.9.2)$$

Boltzmann-Statistik:

Aus (1.5.18), (1.5.19) und (1.6.20) folgt für den nicht-entarteten
Fall:

$$N_i = \frac{N}{\sum\limits_{i=1}^{k} e^{-\varepsilon_i/kT}}\; e^{-\varepsilon_i/kT} \qquad (1.9.3)$$

Mit (1.5.21) und (1.5.22) und (1.6.20) ergibt sich schließlich für
entartete Systeme

$$N_i = \frac{N}{\sum\limits_{i=1}^{k} g_i e^{-\varepsilon_i/kT}} \cdot g_i \cdot e^{-\varepsilon_i/kT} \qquad (1.9.4)$$

Alle vier Verteilungsfunktionen sind mit den Nebenbedingungen

$$\sum_{i=1}^{k} N_i = N = \text{const} \quad \text{und} \quad \sum_{i=1}^{k} \varepsilon_i N_i = E = \text{const} \qquad (1.9.5)$$

ermittelt worden. Systeme, die durch diese Nebendingungen charakterisiert werden, nennt man auch "mikrokanonische Gesamtheiten".

b) Das Entropie-Problem

Die beiden Quantenstatistiken gehen für den Fall, daß B eine hinreichend große Zahl ist, ineinander über, da dann die 1 im Nenner
stets vernachlässigt werden kann. Innerhalb des in Tabelle 2 veran-
schaulichten Bereiches von Masse und Temperatur spielt also die Un-

terscheidung zwischen symmetrischen und antisymmetrischen Gesamt-Eigenfunktionen keine Rolle. Man benötigt diese Verteilungsfunktionen bei sehr tiefen Temperaturen, bei Elektronen hoher Dichte (Metalle) und vor allem zur korrekten Berechnung der Entropie des idealen Gases, und zwar bei allen Temperaturen und Massen.

Hier zeigt sich nämlich, daß eine grundlegende Eigenschaft der Entropie, die Additivität nicht durch klassische Vorstellungen beschreiben wird, sondern für alle Temperaturen und Massen die Anwendung der Quanten-statistik erfordert. Wir berechnen zunächst die Entropie nach dem klassischen Boltzmann-Verfahren:

$$N_i = N \frac{g_i \, e^{-\varepsilon_i/kT}}{Z} \quad ; \quad Z = \sum_{i=1}^{k} g_i \, e^{-\varepsilon_i/kT} \tag{1.5.20}$$

Einsetzen von (1.5.20) in (1.5.7) führt zu

$$\ln G = N\ln N - \sum_{1}^{k} N_i \left(\ln N - \frac{\varepsilon_i}{kT} + \ln g_i - \ln Z\right) + \sum_{1}^{k} N_i \, \ln g_i \tag{1.9.6}$$

worin zur Abkürzung

$$\sum g_i \, e^{-\varepsilon_i/kT} = Z$$

gesetzt ist. Unter Berücksichtigung der konstanten Energie $\Sigma \varepsilon_i N_i = E$ und der konstanten Teilchenzahl, $\Sigma \, N_i = N$, nehmen die auftretenden Summen folgende Form an

$$\sum_{1}^{k} N_i \, \ln N = N \ln N$$

$$\sum_{1}^{k} N_i \, \frac{\varepsilon_i}{kT} = \frac{E}{kT} \equiv N \cdot \frac{\bar{\varepsilon}}{kT} \tag{1.9.7}$$

$$\sum_{1}^{k} N_i \, \ln Z = N \ln Z$$

Damit wird (1.9.6) zu

$$\ln G = N \frac{\bar{\varepsilon}}{kT} + N \ln Z \tag{1.9.8}$$

und schließlich ergibt sich die Entropie nach dem klassischen Modell
der Boltzmann-Statistik zu

$$S = kN \left(\ln Z + \frac{\bar{\varepsilon}}{kT} \right) \qquad (1.9.9)$$

Wie in Kapitel II.1 hergeleitet wird, erhält man aus der Mechanik unter
Berücksichtigung der Heisenbergschen Unschärfe-Relation , also sozusagen
auf "halbklassischem Wege" für die Zustandssumme der Translation:

$$Z = \frac{(2\pi mkT)^{3/2} V}{h^3} \qquad (1.9.10)$$

Hierin bedeutet V das Volumen des Gases, m, k, T haben die üblichen Be-
deutungen. Der Term h^3 rührt von der Heisenbergschen Unschärfe-Relation
her und tritt hier auf, weil es nicht möglich ist, zwei Zustände zu unterscheiden, bei denen das Produkt aus Impuls und Koordinate sich um
weniger als $\dot{h}$ unterscheidet.

Vergleicht man die "halbklassische" Zustandssumme (1.9.10) mit dem Zu-
standsintegral (1.6.31), so sieht man, daß beide Ausdrücke bis auf das
N im Nenner von (1.6.31) übereinstimmen. Dieser Unterschied bedeutet,
daß in der quantenmechanischen Herleitung V/N, also das Volumen pro
Molekül auftritt und bei der klassischen Herleitung nur V, das Gesamt-
volumen des Systems. Dieser Unterschied und die 1 in der Klammer von
(1.6.7) geben den Ausschlag zwischen klassischer - und Wellenmechanik:
Wir betrachten wieder, wie bei der Herleitung von S = k ln G zwei ge-
trennte, sonst aber identische Systeme eines idealen Gases. Bei einer
Vereinigung der beiden Systeme muß gelten: $S_{12} = S_1 + S_2$. Aus (1.9.9.)
mit (1.9.10) folgt nun:

$$\begin{aligned}
S_{12} &= k\, N_1 \left[\ln \frac{(2\pi mkT)^{3/2}}{h^3} + \ln V_1 + \frac{\bar{\varepsilon}}{kT} \right] + \\[2ex]
&\quad + k\, N_2 \left[\ln \frac{(2\pi mkT)^{3/2}}{h^3} + \ln V_2 + \frac{\bar{\varepsilon}}{kT} \right] \\[2ex]
&= k(N_1 + N_2) \left(\ln \frac{(2\pi mkT)^{3/2}}{h^3} + \frac{\bar{\varepsilon}}{kT} \right) \\[2ex]
&\quad + k \left[N_1 \ln V_1 + N_2 \ln V_2 \right]
\end{aligned} \qquad (1.9.11)$$

Dieser Ausdruck für die Entropie zweier vereinigter Systeme ist nicht additiv $(\ln V_1 + \ln V_2) = \ln V_1 \cdot V_2$, die klassische Mechanik versagt also bei der statistischen Beschreibung der Entropie des einfachsten Gasmodelles.

Die quantenmechanische Herleitung der Entropie aus (1.6.7) liefert dagegen einen additiven Ausdruck für die Entropie:

$$S_{12} = k\,N_1 \left[\ln \frac{(2\pi mkT)^{3/2}}{h^3} + \ln \frac{V_1}{N_1} + \frac{5}{2} \right] +$$

$$+ k\,N_2 \left[\ln \frac{(2\pi mkT)^{3/2}}{h^3} + \ln \frac{V_2}{N_2} + \frac{5}{2} \right] \qquad (1.9.12)$$

$$= k(N_1+N_2) \left[\ln \frac{(2\pi mkT)^{3/2}}{h^3} + \ln \frac{V}{N} + \frac{5}{2} \right]$$

Die Additivität wird hier gerade dadurch hergestellt, daß nicht das System-volumen, sondern das Volumen einer einzigen Molekel V_i/N_i in der Entropie auftritt, und diese Größe ist natürlich in beiden Teilsystemen bei gleichem p und T die gleiche.

Merke! Für die Translationsbewegung liefert nur die Quantenstatistik die richtigen Entropien!

c) <u>Die Energie</u>

Die spezifische Schwierigkeit bei der Berechnung der Entropie, näm-lich die Nicht-Unterscheidbarkeit der Teilchen, tritt bei der Berech-nung der Energie nicht auf. Bevor wir diesen Umstand beweisen, stellen wir zunächst eine Plausibilitäts-Betrachtung an:

Für die Gesamtenergie $E = \Sigma\, N_i \varepsilon_i$ kommt es nur auf die Anzahl N_i der Teilchen mit der Energie ε_i an. Ob man diese Teilchen innerhalb der i-ten Gruppe unterscheiden kann, ist belanglos. Ordnungsprobleme treten nicht auf, sondern nur Abzählungen, deshalb sollten sowohl Quantenstatistik als Boltzmann-Statistik zum gleichen Ergebnis füh-ren: Durch Einsetzen der Verteilungsfunktion (1.9.4) in die Bedingung (1.9.5) erhält man sofort

$$E = \frac{N \cdot \sum\limits_1^k \varepsilon_i g_i\, e^{-\varepsilon_i/kT}}{\sum\limits_1^k g_i\, e^{-\varepsilon_i/kT}} \qquad (1.9.13)$$

Dies ist nichts anderes als das N-fache eines "gewichteten Mittels" $\bar{\varepsilon}$
mit den Gewichtsfaktoren $e^{-\varepsilon_i/kT}$

$$E = N\,\bar{\varepsilon} \tag{1.9.14}$$

Die Bedeutung der Zustandssumme $\sum g_i e^{-\varepsilon_i/kT}$ für alle thermodynamischen
Rechnungen wird deutlich, wenn man die folgenden Umformungen vornimmt:
Die Ableitung der Zustandssumme nach der Temperatur ergibt

$$\frac{\partial}{\partial T}\sum_1^k g_i\, e^{-\varepsilon_i/kT} = \frac{1}{kT^2}\sum_1^k g_i\,\varepsilon_i\, e^{-\varepsilon_i/kT}$$

d.h. bis auf einen Faktor $1/kT^2$ gerade den Zähler von (1.9.13). Damit
kann man jetzt schreiben

$$E = k\,T^2\;\frac{\partial}{\partial T}\sum g_i\,\varepsilon_i\, e^{-\varepsilon_i/kT}\;\circ\;\frac{N}{\sum g_i\, e^{-\varepsilon_i/kT}} = NkT^2\,\frac{\partial}{\partial T}\ln Z$$

So erhalten wir für die mittlere Energie eines Teilchens nach der
Boltzmann-Statistik

$$\bar{\varepsilon} = k\,T^2\,\frac{\partial}{\partial T}\ln Z \tag{1.9.15}$$

wobei unter Z die bereits berechnete klassische Zustandssumme der Translation nach (1.9.10) einzusetzen ist. (Für andere Freiheitsgrade [(1.10.12)].
Der Vergleich von (1.9.13) mit (1.6.10) und von (1.9.15) mit (1.6.13)
zeigt den identischen Aufbau der Ausdrücke. Dabei wird die Bedeutung
der A_i als die Entartung des Zustandes i deutlich.

Nach (1.6.12), $\ln B = \ln A_i e^{-\varepsilon_i/kT} - \ln N$ folgt mit $A_i = g_i$

$$\ln Z = \ln \sum g_i\, e^{-\varepsilon_i/kT} = \ln B + \ln N$$

Bei der Differentiation nach T fällt der konstante Term $\ln N$ heraus,
sodaß

$$\frac{\partial}{\partial T}\ln Z = \frac{\partial}{\partial T}\ln B \tag{1.9.16}$$

Daraus folgt die Identität des klassischen Ausdrucks (1.9.15) mit dem
quantenstatistisch hergeleiteten Ausdruck (1.6.13).

Mit anderen Worten: Für die Berechnung der Energie eines Teilchens ist
es gleichgültig, ob die klassische Mechanik oder die Quantenmechanik
zugrundegelegt wird. Beide Mechaniken führen zur gleichen Energie.

1.10. Freiheitsgrade und Zustandssummen

Der Massenpunkt ist das einfachste Molekülmodell, sein Energieinhalt besteht ausschließlich aus kinetischer Energie der Translation. Erweitert man das Molekülmodell zu einem Modell mit räum-
licher Ausdehnung, so kommen zur Translation noch die freie Rotation um die Trägheitsachsen des Modelles, evtl. die Rotation einzelner Bereiche des Modelles gegenüber anderen Teilen (Innere Rotation) und Schwingungen der Atome innerhalb der Molekel hinzu. In
besonderen Fällen muß man weiterhin einer elektronischen Anregung der
Modellmolekel Rechnung tragen.

Die Frage der Unterscheidbarkeit zweier Molekeln vor und nach einem
Stoß ist jetzt geklärt: Man muß die Quantenstatistik anwenden.
Für die Behandlung der weiteren Freiheitsgrade kann man also davon
ausgehen, daß die Molekeln hinsichtlich anderer Freiheitsgrade un-
terscheidbar sind. Für unterscheidbare Teilchen kann man aber die
Boltzmann-Statistik verwenden, d. h. das statistische Gewicht G nach
Gl. (1.3.7) und die Verteilungsfunktionen Gl. (1.9.3) und Gl. (1.9.4).
Wir betrachten jetzt Molekeln, deren Energieinhalt sich aus Transla-
tion, Rotation, Schwingung und elektronischer Anregung zusammensetzen
mögen.

Solange man diese Energieformen durch einen rein quadratischen Ausdruck beschreiben kann, bezeichnet man die Anzahl dieser verschiedenen
Energieformen als Zahl der "Freiheitsgrade". Die Gesamtenergie ergibt
sich als Summe über lauter quadratische Terme, die voneinander unabhängig sind. Kopplungen zwischen den Energieformen werden auf dieser
Stufe des Modelles nicht berücksichtigt. In der Quantentheorie findet
diese Unabhängigkeit der Freiheitsgrade ihren Ausdruck in einem Produktansatz für die Eigenfunktion, der sogenannten Born-Oppenheimer-Näherung:

$$\psi_{Ges} = \psi_{el} \cdot \psi_{vib} \cdot \psi_{rot} \cdot \psi_{transl.} \qquad (1.10.1)$$

Dieser Ansatz gestattet die Separation der Schrödinger-Gleichung
für das Molekül in vier separate Gleichungen für je eine Bewegungsform, einen Freiheitsgrad.

Jede dieser vier separaten Gleichungen

$$\mathbb{H}_{trans}\,\psi_{trans} = E_{trans}\,\psi_{trans} \quad ; \quad \mathbb{H}_{vib}\,\psi_{vib} = E\,\psi_{vib}$$

$$\mathbb{H}_{rot}\,\psi_{rot} \quad = E_{rot}\,\psi_{rot} \quad ; \quad \mathbb{H}_{el}\,\psi_{el} \quad = E_{el}\,\psi_{el}$$

besitzt Eigenwerte für die Energie, und die Gesamtenergie des Moleküls
ergibt sich als Summe über diese Eigenwerte:

$$E_{ges} = E_{el} + E_{vib} + E_{rot} + E_{trans} \tag{1.10.2}$$

(geordnet nach der Größe der zu erwartenden Beiträge).

In der Thermodynamik wird man, ebenfalls unter der Voraussetzung der
gegenseitigen Unabhängigkeit der Energieformen, wegen der Additivität
der Zustandsfunktionen ebenfalls einen additiven Ansatz machen, z. B.
für die freie Energie:

$$F_{ges} = F_{el} + F_{vib} + F_{rot} + F_{trans} \tag{1.10.3}$$

Für die Innere Energie des Systems erhält man genau den Ausdruck
(1.10.2). Für die mittlere Energie eines Teilchens hatten wir
aus der Boltzmann-Statistik (1.9.15) bereits hergeleitet:

$$\bar{\varepsilon} = k\,T^2\,\frac{\partial \ln Z}{\partial T}$$

Nach der jetzigen Überlegung kann dieser Ausdruck auf Rotation,
Schwingung und elektronische Anregung angewendet werden.

Die Gesamtenergie einer Molekel (bis jetzt ohne Translation) erhalten
wir durch Summation über die einzelnen Freiheitsgrade:

$$U = NkT^2 \sum \frac{\partial}{\partial T}\,\ln Z_i \equiv NkT^2\,\frac{\partial}{\partial T}\sum \ln Z_i$$

$$\equiv NkT^2\,\frac{\partial}{\partial T}\,\ln Z^*_{trans} \cdot Z_{vib} \cdot Z_{rot} \cdot Z_{el} \tag{1.10.4}$$

Mit anderen Worten: Die additive Zusammensetzung der Teilenergien
zur Gesamtenergie bedingt eine multiplikative Zusammensetzung von
Zustandssummen einzelner Freiheitsgrade zur Gesamt-Zustandssumme.

$$Z_{ges} = Z_{el} \cdot Z^*_{trans} \cdot Z_{vib} \cdot Z_{rot} \cdot \cdot \text{ u.s.w.} \qquad (1.10.5)$$

In dieser Beziehung ist bereits eine Zustandssumme der Translation,
Z^*_{trans}, aufgenommen, die nicht aus der Boltzmann-Statistik kommt,
die aber, wie später gezeigt wird, durch einen mehr oder weniger
formalen Trick gewonnen werden kann.

Für die Entropie eines einzigen Freiheitsgrades hatten wir in der
Boltzmann-Statistik für ein einzelnes Teilchen (1.9.9) erhalten

$$S = k\left(\ln Z + \frac{\bar{\varepsilon}}{kT}\right)$$

Dies geht bei Berücksichtigung der verschiedenen Freiheitsgrade in
(i läuft über alle Freiheitsgrade)

$$S_{ges} = k\left(\sum \ln Z_i + \frac{1}{kT} \sum \bar{\varepsilon}_i\right) \qquad (1.10.6)$$

oder kürzer

$$S_{ges} = k\left(\ln Z_{ges} + \frac{\bar{E}_{ges}}{kT}\right) \qquad (1.10.7)$$

über, wobei wieder die Existenz der Translations-Zustandssumme Z^*_{trans}
vorausgesetzt wurde.

Aus Entropie und Innerer Energie lassen sich alle thermodynamischen
Größen berechnen. Daher ist die Aufgabe der statistischen Thermodynamik gelöst, wenn die Berechnung der Zustandssummen durchgeführt
ist.

Aufgrund der Additivität der Zustandsfunktionen unter den gemachten
Voraussetzungen beträgt der Wert der Funktion eines Systems aus N
Teilchen das N-fache der Funktion für ein einzelnes Teilchen.

$$U_{(N)} = N\,\bar{\varepsilon} \quad ; \quad S_{(N)} = N \cdot S_{(1)} \quad ; \quad F_{(N)} = N \cdot F_{(1)} \quad \text{u.s.w.}$$

Damit erhalten wir die folgenden Ausdrücke:

Innere Energie

$$U = N\,k\,T^2\,\frac{\partial \ln Z_{ges}}{\partial T} \quad . \qquad (1.10.8)$$

Entropie (für N Teilchen)

$$S = N\,k\left(\ln Z_{ges} + \frac{\bar{\varepsilon}}{kT}\right) \qquad (1.10.9)$$

Freie Energie

$$F = -\,NkT\,\ln Z_{ges} \qquad (1.10.10)$$

Spezifische Wärme

$$C_V = \frac{\partial U}{\partial T}\bigg|_V = N\,k\,\frac{\partial}{\partial T}\left(T^2\,\frac{\partial \ln Z}{\partial T}\right)$$

$$= N\,k\,\frac{\partial^2}{\partial T^2}\,(T\ln Z) \qquad (1.10.11)$$

Zustandssummen

$$Z = \sum_{i=1}^{k} e^{-\varepsilon_i/kT} \quad \text{bzw.} \quad Z = \sum_{i=1}^{k} g_i\,e^{-\varepsilon_i/kT}$$

$$Z_{ges} = \prod_j Z_j \quad , \quad j \text{ läuft über alle Freiheitsgrade} \qquad (1.10.12)$$

Es sei besonders betont, daß diese Darstellungen nur für solche Bereiche
von Dichte und Temperatur gültig sind, für die in der Quantenstatistik
die Annahme B >> 1 gerechtfertigt ist. Für extrem tiefe Temperaturen
müßte man die Gl. (1.10.8) bis (1.10.11) vollständig aus der jeweils
gültigen Quantenstatistik herleiten.

1.11 Systemzustandssummen

Manchmal findet man es angebracht, in konsequenter Auswertung der
Gl. (1.10.1) eine andere, nicht auf die Additivität gestützte Herleitung der Gleichungen (1.10.8) bis (1.10.11) vorzunehmen. Man

betrachtet dafür das System als eine Riesenmolekel von N Teilchen,
deren Zustandssumme nach (1.10.1) aus dem Produkt der N Zustandssummen für die das System bildenden einzelnen Teilchen gebildet
wird.

$$Z_{system} = \prod^{N} Z_{Teilchen} = Z^N \qquad (1.11.1)$$

Mit dem Ansatz folgt dann aus (1.9.12) für die Energie identisch
mit (1.9.15)

$$U = k\ T^2\ \frac{\partial \ln Z^N}{\partial T} \qquad (1.11.2)$$

Ebenso für die Entropie:

$$S = k\left(\ln Z^N + \frac{U}{kT}\right) \qquad (1.11.3)$$

In manchen Lehrbüchern wird die Einteilchen-Zustandssumme mit Q
und die System-Zustandssumme mit Z bezeichnet, so daß dann gilt
$Z = Q^N$. Wir folgen diesem Brauch nicht, weil er gelegentlich den
Eindruck erweckt, als sei eine besondere Komplikation mit dem Übergang von einem zu vielen Teilchen verbunden. Dies ist aber für das
ideale Gase niemals der Fall.

1.12. Schwankungserscheinungen

Wie bereits bei der Entropie erwähnt, führt das statistische Konzept
dazu, meßbare Größen als Mittelwerte aufzufassen, d. h. als Werte,
von denen gewisse Abweichungen durchaus auftreten können. Ein besonders einfaches Beispiel hierzu bildet die Dichteschwankung in einem
idealen Gas. Dieses Beispiel hat den Vorteil, daß es mathematisch
leicht zu durchschauen ist und außerdem eine experimentelle Nach-
prüfung gestattet.

Wir betrachten ein Gas von vorgegebenem Druck und fester Temperatur.
Sein Volumen sei in k Zellen eingeteilt. In jeder dieser Zellen
mögen sich N_i (i = 1, 2, ... k) Molekeln aufhalten. Bei genügend
hoher Temperatur und genügend geringer Dichte kann man hier, wie

im vorgehendem gezeigt, die einfache Boltzmann-Statistik anwenden, d. h. das Gas so behandeln, als seien seine Molekel unterscheidbar. Die Wahrscheinlichkeit, eine bestimmte konkrete Verteilung der insgesamt N Molekeln auf die k Zellen anzutreffen ist dann gleich

$$W = \frac{N!}{N_1! \, N_2! \, \cdot \, \cdot \, \cdot \, N_k!} \cdot \text{const}$$

Die Anwendung der Stirlingschen Formel ergibt:

$$\ln W = N \ln N - \Sigma \, N_i \, \ln N_i + \text{const}$$

(const. sorgt für die Normierung der Wahrscheinlichkeit)

Hieraus ist das Maximum nach dem Lagrange'schen Verfahren zu berechnen, allerdings hier nur unter Berücksichtigung einer einzigen Nebenbedingung:

$$\sum_{i=1}^{k} N_i = N$$

Durch Variation von ln W erhalten wir, (vergleiche Abschnitt 1.5)

$$\delta \ln W = - \Sigma \, (\ln N_i + 1) \, \delta N_i = 0 \qquad\qquad (1.12.1)$$

und unter Einführung der variierten Nebenbedingung $\Sigma \, \delta N_i = 0$

$$\ln N_i + 1 + \lambda = 0 \quad ; \quad N_i = e^{-(1+\lambda)}$$

mit dem Lagrange-Parameter λ .

Damit folgt, weil λ eine Konstante ist, daß in jeder der k Zellen gleich viele Molekeln anzutreffen sind, wie man selbstverständlich unter den gemachten Annahmen erwarten muß.

Auch hier ist die Lage des Maximums der Wahrscheinlichkeit eine Funktion der k Variablen N_i. Wir können daher W in der Umgebung des Maximums W_{max}, das sich nach Gl. (1.12.1) einstellt, in eine Taylor-Reihe entwickeln:

$$f(x + \delta x) = f(x) + \delta x f'(x) + \frac{(\delta x)^2}{h^2} \, f''(x) + \, . \, . \, . \, . \, .$$

Die erste Ableitung verschwindet wegen $\Sigma\ \delta\ N_i = 0$ und es bleibt bis
auf höhere Glieder

$$\ln W - \ln W_{max} = -\frac{1}{2}\ \Sigma\ N_i\ (\delta N_i)^2$$

$$\frac{W(\delta N_i)}{W_{max}} = e^{-\frac{1}{2}\ N_i\ \left(\frac{\delta N_i}{N_i}\right)^2}$$

für die Abweichung $\delta\ N_i$ in einer herausgegriffenen Zelle i.

Bei weiterer Durchführung der Rechnung, auf die hier verzichtet
werden kann, ergibt sich, daß die **Abweichungen** vom Mittelwert der
Gleichverteilung einer genauen Gaußverteilung folgen. Ferner
erhält man für den Mittelwert des Betrages der Abweichungen

$$\left|\overline{\frac{\delta N_i}{N_i}}\right| = \sqrt{\frac{2}{\pi N_i}}$$

Dieses Ergebnis ist von großer Allgemeinheit. Stets sind stochastische
Fehler der Wurzel aus der Teilchenzahl umgekehrt proportional. Dies
trifft ja bekanntlich auch bei der Verbesserung einer Messung durch
Wiederholung zu, wobei hier die Einzelmessung an die Stelle der Teilchenzahl tritt.

Nach dem gleichen Rezept lassen sich auch die Schwankungen der Elektro-
nendichte in Leitern oder Widerständen behandeln, wenn man das statistische Gewicht der Fermi-Dirac-Statistik zum Ausgangspunkt der
Rechnung macht. Damit kann man das die Nachrichtentechnik und die
Messung kleiner elektrischer Größen so stark beeinflussende "Rauschen"
behandeln.

Für Näheres zu diesen Themen sei auf die einschlägige Literatur
verwiesen. Hier möge nur noch ein unmittelbar sinnfälliger Beweis für die Richtigkeit der statistischen Methode angeführt werden: Lord Rayleigh konnte aufgrund der hier dargelegten Schwankungen
der Gasdichte in der Atmosphäre die Streuung des Himmelslichtes
und seine blaue Farbe erklären.

Die Schwankungserscheinungen haben bei der Entwicklung des heutigen naturwissenschaftlichen Weltbildes eine ganz fundamentale Rolle gespielt. Dem interessierten Leser sei die Lektüre des einen oder anderen Aufsatzes in "Information und Entropie" von Kubat empfohlen.

II. Zustandssummen für Gase

Vorbemerkung

Die im vorigen Kapitel gegebene Übersicht über die Theorie zeigt,
daß die Berechnung von thermodynamischen Daten und den daraus ab-
leitbaren Gleichgewichten sich vollständig auf die Berechnung von
Zustandssummen zurückführen läßt.

Die tatsächliche Berechnung von Zustandssummen ist keine ganz
einfache Aufgabe. Von vielen Molekülen kennt man nicht alle erforderlichen Daten, sondern muß und kann sich entsprechende Abschätzungen aus Modellen zusammensuchen. Häufig kennt man die benötigten Daten aus ähnlichen Molekülen, und muß sie dann auf die
gewünschten Moleküle übertragen bzw. anpassen. Weiter ist es not-
wendig einen Überblick über die möglichen Effekte zu haben, besonders auf gegenseitige Wechselwirkungen sowohl von Freiheitsgraden
als auch von benachbarten Molekeln, damit man keine unnötige Ar-
beit auf die Ermittlung von Feinheiten verschwendet, wenn man nur
ein Ergebnis mit der Genauigkeit gewöhnlicher Experimente benötigt.
Tatsächlich kann man viele Feinheiten der Materie nach der statistischen Theorie berechnen, wenn man den teils sehr hohen Arbeitsauf-
wand in Kauf nimmt. Die meisten dieser Feinheiten sind im folgenden
weggelassen. Dafür beschäftigt sich das Kapitel möglichst ausführ-
lich mit jenen Berechnungen, die mit relativ geringem Rechenaufwand
zu Zahlen und damit zu konkreten Antworten auf gegebene Fragestellungen führen.

1. Translation

a) Zustandssumme

Beim Vergleich der Statistiken hat sich ergeben, daß die Boltzmann-
Statistik einen falschen Ausdruck für die Entropie der Translation
liefert. Andererseits ist es wegen der bequemen Darstellung des

Formelapparates, insbesondere wegen der multiplikativen Zusammensetzung der Zustandssummen mehrerer Freiheitsgrade wünschenswert,
eine Zustandssumme für die Translation zu besitzen, weil dann eine
einheitliche Entropieformel verwendet werden kann.

Eine solche Zustandssumme, die die Entropie richtig wiedergibt, kann
man tatsächlich durch eine "Korrektur" aus der klassischen Zustandssumme herleiten. Es ist daher lehrreich, die klassische Zustandssumme
herzuleiten und die verschiedenen Korrekturen zu betrachten, die die
Übereinstimmung mit der Quantenmechanik herbeiführen.

In der klassischen Mechanik wird ein Massenpunkt durch Angabe von
Ort, Geschwindigkeit und Masse charakterisiert. Die beiden letzten
Angaben werden zu einem Impuls vereinigt. In einem kartesischen Koordinatensystem wird das Teilchen durch die Angabe von 6 Koordinaten
für Ort und Impuls x, y, z, p_x, p_y, p_z beschrieben. Diese 6 Koordinaten spannen einen linearen, sechsdimensionalen Vektorraum, den
sogenannten Phasenraum, auf. Der von den Koordinaten x, y, z aufgespannte Unterraum ist nichts anderes als das geometrische Volumen
unseres Systems. Da wir über die Impulse der Teilchen von vornherein
keine einschränkenden Aussagen machen können, muß sich der durch die
"Impulskoordinaten" aufgespannte Unterraum des Phasenraums in diesen
Koordinaten von $-\infty$ bis $+\infty$ erstrecken.

Zur Ermittlung der Zustandssumme ist die Abzählung aller in diesem
unendlichen Raum möglichen Bildpunkte erforderlich. Hier ist eine
erste quantenmechanische Korrektur des klassischen Bildes erforderlich:

Durch die Heisenbergsche Unschärfe-Relation können die Bildpunkte
nämlich nicht beliebig dicht beieinander liegen, vielmehr müssen
die einzelnen Bildpunkte soweit getrennt sein, daß das Produkt
aus den Unterschieden zweier Impulse und zweier zugehöriger Orts-
angaben, $\Delta p \cdot \Delta x$ größer als das Wirkungsquantum h ist.

Bei je 3 Orts- und 3 Impulskoordinaten ist also das kleinste physikalisch sinnvolle Volumenelement von der Größe h^3. Die Anzahl aller
überhaupt physikalisch möglicher Zustände erhält man nun, wenn man
das Volumen des Phasenraumes durch die Integration über den ganzen
erlaubten Bereich des Phasenraumes ermittelt und durch h^3 dividiert.

Die Zustandssumme wird für die Translationsbewegung der Teilchen dadurch gebildet, daß für die kinetische Energie $m/2\ v^2$ bzw, da $p = mv$, $p^2/2m$ eingesetzt wird. Impulse bzw. Geschwindigkeiten bilden ein Kontinuum, hieran ändert sich auch in der Betrachtungsweise der Quantenmechanik nichts wesentliches, da die Eigenwerte der Translation sehr nahe benachbart liegen. Deshalb kann man die Summierung durch ein Integral ersetzen und erhält

$$Z = \frac{1}{h^3} \int\limits_x \int\limits_y \int\limits_z \int\limits_{P_x} \int\limits_{P_y} \int\limits_{P_z}^{\infty} e^{-\frac{P_x^2 + P_y^2 + P_z^2}{2\ m\ kT}}\ dp_x\ dp_y\ dp_z\ d_x\ d_y\ d_z \qquad (2.1.1)$$

Die Integration über dxdydz liefert nichts anderes als das Gefäßvolumen V, so daß übrigbleibt:

$$Z = \frac{V}{h^3} \int\limits_{P_x} \int\limits_{P_y} \int\limits_{P_z}^{\infty} e^{-\frac{P_x^2 + P_y^2 + P_z^2}{2\ m\ kT}}\ dp_x\ dp_y\ dp_z \qquad (2.1.2)$$

Da p_x, p_y und p_z unabhängig voneinander sind kann man das verbleibende Integral durch Substitution auf die Form

$$\int\limits_0^{\infty} e^{-a^2 x^2}\ dx = \frac{1}{2a}\ \sqrt{\pi} \qquad (2.1.3)$$

bringen. Damit ergibt sich die bereits erwähnte Form (1.9.10) für die klassische Zustandssumme:

$$Z = \frac{(2\pi mkT)^{3/2}\ V}{h^3} \qquad (2.1.4)$$

Für die weitere Behandlung, nämlich das Aufsuchen einer geeigneten Korrektur, die die mit dieser Zustandssumme zu berechnenden Entropien additiv machen soll, können wir uns auf den Logarithmus beschränken. Wir vergleichen die beiden Ausdrücke für die Entropie aus (1.9.9) und (1.6.7):

$$S = kN(\ln Z + \frac{\bar{\varepsilon}}{kT}) \equiv k(\ln Z^N + \frac{U}{kT})$$

$$S = kN(\ln B + \frac{\bar{\varepsilon}}{kT} + 1) \equiv k(N\ln B + \frac{U}{kT} + N) \qquad (2.1.5)$$

46

Der Vergleich zeigt, daß

$$\ln Z^N = N \ln B + N \qquad\qquad (2.1.6)$$

gelten muß, da $\ln B + 1$ ja die richtigen Entropien liefert. Durch
Anschreiben der Logarithmen unter Verwendung von (2.1.4) und (1.6.31)
erkennt man sofort die zu leistende Korrektur:

$$\ln Z^N = \frac{3}{2}\, N \ln \frac{2\pi mkT}{h^2} + N \ln V$$

$$N \ln B + N = \underbrace{\frac{3}{2}\, N \ln \frac{2\pi mkT}{h^2} + N \ln V}_{=\ \ln Z^N} \underbrace{- N \ln N + N}_{=\ \ln \frac{1}{N!}} \qquad (2.1.7)$$

d.h. die Bose-Einstein-Form läßt sich durch die klassische Zustandssumme ausdrücken, wenn man für jedes Teilchen eine Einteilchen-
Zustandssumme Z nimmt, diese multiplikativ zur System-Zustandssumme
zusammensetzt und diese Systemzustandssumme durch N! dividiert.

$$N \ln B + N = N \ln Z - \ln N! \equiv \ln \frac{Z^N}{N!} \qquad\qquad (2.1.8)$$

Die zahlenmäßige Ausdrückbarkeit der Zustandssumme selbst geht dabei
wegen der Größe von N! natürlich verloren, man bekommt aber mit dieser
Zustandssumme einen formal für alle Freiheitsgrade benützbaren Ausdruck
für die Entropie:

$$S_{trans} = k\left(\ln Z^*_{ts} + \frac{U}{kT}\right) \quad \text{mit} \quad Z^*_{ts} = \frac{Z^N}{N!} \qquad (2.1.9)$$

Die genannte Korrektur wurde hier nur erörtert, weil sie vor Entwicklung der Quantenstatistik eine große Rolle gespielt hat und auch
heute noch viele Lehrbücher ziert.

Für das praktische Rechnen ist diese Art der Darstellung aber be-
deutungslos, man verwendet hier entweder die aus der Bose-Einstein-
Statistik bereits hergeleitete (1.7.4) logarithmische Form

$$S_{trans} = 8{,}3144\ (4{,}446_3 + 3/2\ \ln M + 3/2\ \ln T)$$

oder die noch zu besprechende Form mit der charakteristischen Temperatur der Translation, θ_{trans}.

Für die anderen thermodynamischen Funktionen ist die "Korrektur" ohne
Bedeutung, da diese durch Differenzieren aus der Zustandssumme abgeleitet werden, N aber für ein mikrokanonisches System konstant ist.

So erhält man für die Innere Energie U eines Systems von N Teilchen aus
(1.9.15) mit Hilfe der unkorrigierten Zustandssumme (2.1.4):

$$U \quad \equiv \quad N \bar{\varepsilon} = N \, kT^2 \, \frac{\partial \ln Z}{\partial T}$$

$$\frac{\partial \ln Z}{\partial T} = \frac{3}{2} \cdot \frac{1}{T}$$

$$U_{trans} = \frac{3}{2} \, N \, kT \equiv \frac{3}{2} \, RT \,, \quad H_{trans} = \frac{5}{2} \, RT$$

$$C_{v_{trans}} = \frac{3}{2} \, R \qquad\qquad\qquad (2.1.10)$$

Mit der Systemzustandssumme Z^* aus (2.1.9)

$$U = kT^2 \, \frac{\partial \ln Z^*}{\partial T} \quad , \quad \frac{\partial \ln Z^*}{\partial T} = \frac{3}{2} \, \frac{N}{T}$$

$$U_{trans} = \frac{3}{2} \, N \, kT \equiv \frac{3}{2} \, RT \qquad u.s.w \qquad\qquad (2.1.11)$$

d. h. die gleiche Werte wie (2.1.10)

Einige nützliche Zahlenwerte:

$$\frac{2\pi k}{h^2} = 1{,}977513 \cdot 10^{44}; \quad \ln \frac{2\pi k}{h^2} = 101{,}9956$$

$$\frac{3}{2} \ln \frac{2\pi k}{h^2} = 152.9934; \qquad\qquad \ln N_L = 54{,}751$$

$$\ln V_m \, [m^3] = -3{,}809$$

b) <u>Thermodynamische Funktionen der Translation</u>

Die Berechnung thermodynamischer Funktionen für den Gaszustand
bietet mit den bisher abgeleiteten Zustandssummen keine prinzipiellen Schwierigkeiten mehr. Die Berechnung der Translations-
funktionen bedeutet immer auch die Berechnung der Daten für ein

48

ideales Gas aus Massenpunkten. Aufgrund der "thermodynamischen Fundamental-Gleichungen"

$$dU = TdS - pdV + \Sigma\ \mu_i dn_i$$

$$dH = TdS + Vdp + \Sigma\ \mu_i dn_i$$

$$dF = -\ SdT - pdV + \Sigma\ \mu_i dn_i$$

$$dG = -\ SdT + Vdp + \Sigma\ \mu_i dn_i \qquad (2.1.12)$$

lassen sich alle thermodynamischen Potentiale durch die Freie Energie, die Entropie und deren Ableitungen ausdrücken. Die Freie Energie und die Entropie sind aber bereits als Funktionen der verschiedenen Zustandssummen bekannt. Von besonderem Interesse können daher die folgenden Umformungen sein:

$$U = F + TS \longrightarrow \quad U = F - T \left.\frac{\partial F}{\partial T}\right|_V$$

$$H = F + TS + pV \longrightarrow \quad H = F - T \left.\frac{\partial F}{\partial T}\right|_V - V \left.\frac{\partial F}{\partial V}\right|_T$$

$$G = F + pV \longrightarrow \quad G = F - V \left.\frac{\partial F}{\partial V}\right|_T \qquad (2.1.13)$$

wobei hier alle $dn_i = 0$ gesetzt wurden.

Die Differentiation nach dem Volumen läßt sich nur an der Translationszustandssumme ausführen, da nur diese das Volumen explizit enthält.

Wegen

$$F = -\ kT \ln Z^* \qquad (2.1.14)$$

und dem Logarithmus der Zustandssumme aus (2.1.11) erhält man

$$\left.\frac{\partial F}{\partial V}\right|_T = -\ P = -\ \frac{NkT}{V} \quad ; \quad pV = RT \qquad (2.1.15)$$

d. h. das ideale Gasgesetz, wie nach den gemachten Voraussetzungen nicht anders zu erwarten war. Das Auftreten des idealen Gasgesetzes ermöglicht im Zusammenhang mit den Umformungen der thermodynamischen Zustandsfunktionen die Einführung eines Standard-Druckes. Aus (1.6.32) und (1.7.3) folgt zunächst:

$$S_{trans} = R \left[\frac{3}{2} \ln \frac{2\pi k}{h^2} + \frac{3}{2} \ln \frac{U}{L} + \ln \frac{V}{L} + \frac{3}{2} \ln T + \frac{5}{2} \right] \qquad (2.1.16)$$

mit L für die Loschmidtsche Zahl

Rechnet man mit dem idealen Gasgesetz auf den Standarddruck p^+ um,

$$V = \frac{N\,k\,T}{p^+}$$

folgt

$$S_{trans} = R\left[\ln\frac{(2\pi m)^{3/2}k^{5/2}}{h^3\,p^+} + \ln T^{5/2} + \frac{5}{2}\right] \qquad (2.1.17)$$

und schließlich unter Zusammenfassung aller Konstanten zu einer "charakteristischen Temperatur der Translation":

$$S_{trans} = \frac{5}{2}\,R\,\ln\frac{T}{\theta_{ts}} + \frac{5}{2}\,R \qquad (2.1.18)$$

Dabei ist θ_{trans} definiert als

$$\theta_{ts}^{5/2} = \frac{h^3\,p^+}{(2\pi m)^{3/2}k^{5/2}} = 39{,}07\cdot\frac{1}{M^{3/2}}\left[grad^{5/2}\right]$$

oder, bequemer

$$\theta_{tr} = 4{,}3325\cdot M^{-3/5}\quad grad \qquad (2.1.19)$$

(M = Molgewicht)

wenn man als Standarddruck 1,013 bar (1 at) verwendet.

Durch die Umrechnung erhält man nun anstelle der spezifischen Wärme bei konstantem Volumen, c_V, die spezifische Wärme bei konstantem Druck, c_p, des idealen Gases:

$$C_p = T\left.\frac{\partial S}{\partial T}\right|_P = \frac{5}{2}\,R \qquad (2.1.20)$$

aus 2.1.18

Für eine einheitliche Phase fester Zusammensetzung (alle $dn_i = 0$) folgt aus den Fundamentalgleichungen zunächst

$$\left.\frac{\partial G}{\partial T}\right|_P = -S \quad ; \quad \left.\frac{\partial G}{\partial P}\right|_T = V \qquad (2.1.21)$$

und schließlich, wegen der Vertauschbarkeit der Reihenfolge der Differentiationen die sogenannte Maxwellsche Beziehung

$$\frac{\partial T}{\partial P} = \frac{\partial}{\partial P}\frac{\partial G}{\partial T} = -\frac{\partial}{\partial P}\frac{\partial G}{\partial P} = -\left.\frac{\partial V}{\partial T}\right|_P \qquad (2.1.22)$$

50

Für ein ideales Gas, d.h. ein Gas ohne Wechselwirkungen zwischen den
Molekülen kann man schließlich die Druckabhängigkeit der Entropie mit
$(\partial\mu/\partial T)_p = R/P$ gewinnen:

$$S(p) = S(p^+) + \int_{p^+}^{P} \left.\frac{\partial S}{\partial P}\right|_T dp = S(p^+) - R \ln \frac{P}{p^+} \tag{2.1.23}$$

Setzen wir in dieser Beziehung die Bose-Einstein-Entropie aus 2.1.18
ein, erhalten wir einen Ausdruck, der die statistische Entropie für
die thermodynamischen Anwendungen besonders geeignet macht:

$$S(p) = \frac{5}{2} R \ln \frac{T}{\theta_{tr}} + \frac{5}{2} R - R \ln \frac{P}{p^+} \tag{2.1.24}$$

Für die Berechnung chemischer Gleichgewichte ist die Festlegung
von Standardwerten der thermodynamischen Funktionen unerläßlich.
Wir können sie hier folgendermaßen vornehmen:

Das chemische Potential ist gleich der Freien molaren Enthalpie G_m

$$\mu \equiv G_m = H_m - TS_m$$

daraus folgt zunächst

$$\mu = H_m - \frac{5}{2} RT \ln \frac{T}{\theta_{tr}} - \frac{5}{2} RT + RT \ln \frac{P}{p^+} \tag{2.1.25}$$

und schließlich für den Standardwert

$$\mu^+ = H_0 - \frac{5}{2} RT \ln \frac{T}{\theta_{tr}} \quad ,$$

$$\text{mit } H_0 = H_m - \frac{5}{2} RT \quad , \tag{2.1.26}$$

Hierin bedeutet der untere Index m den Bezug auf 1 Mol. Die Größe H_0
dient zur Anpassung an die konventionelle Skala. Man könnte natürlich
auch eine Skala festlegen, die nur die kinetische Energie der Translation enthält. Für eine solche Skala wäre $H_0 = 0$ und man hätte für
das chemische Potential in dieser "absoluten" Skala:

$$\mu(p) = - \frac{5}{2} RT \ln \frac{T}{\theta_{tr}} + RT \ln \frac{P}{p^+} \tag{2.1.27}$$

c) Erweiterung auf den Fall realer Gase

Das reale Gas wird durch die Virialform der Zustandsgleichung beschrieben:

$$V = \frac{RT}{p} + B + C \ldots$$

Andererseits ist nach den Fundamentalgleichungen das Volumen als
Ableitung der Freien Enthalpie nach dem Druck definiert, so daß
folgt

$$\left.\frac{\partial G}{\partial P}\right|_T = \frac{RT}{P} + B + Cp + \ldots$$

Durch Integration und Beachtung der Identität $\mu \equiv G_m$ läßt sich sofort
anschreiben:

$$G(p) - G(p^+) = RT \ln \frac{p}{p^+} + B(p - p^+) + \ldots$$

$$\mu(p) = \mu(p^+) + RT \ln \frac{p}{p^+} + B(p - p^+) + \ldots$$

Ferner gilt wegen $(\partial V/\partial T)_p = - S$:

$$S_m = - \frac{\partial \mu^+}{\partial T} - R \ln \frac{p}{p^+} - (p - p^+) \frac{\partial B}{\partial T} + \ldots \tag{2.1.29}$$

Für die Enthalpie folgt wegen $H_m = \mu - T \left.\frac{\partial \mu}{\partial T}\right|_P$

$$H_m = \mu^+ + RT \ln \left| \frac{P/}{p^+} \right| + (p - p^+) B -$$

$$\quad - T \left.\frac{\partial \mu^+}{\partial T}\right|_P - RT \ln \left| \frac{P/}{p^+} \right| - T \frac{\partial B}{\partial T} (p - p^+)$$

$$H_m = \mu^+ - T \frac{\partial \mu^+}{\partial T} + (p - p^+)\left(B - T \frac{\partial B}{\partial T}\right) \tag{2.1.30}$$

Schließlich erhält man für die spezifische Wärme c_p:

$$c_p = - T \left[\frac{\partial^2 \mu}{\partial T^2} - (p - p^+) T \frac{\partial^2 B}{\partial T^2} \right]$$

$$= c_{p \text{ ideal}} + (p - p^+) T^2 \frac{\partial^2 B}{\partial T^2} \tag{2.1.31}$$

Es ist also möglich, die statistisch berechneten thermodynamischen
Größen des idealen Gases auf das reale Gas umzurechnen.

Hierzu ist die Kenntnis des ersten Virialkoeffizienten B und seiner Temperaturabhängigkeit erforderlich. Die Effekte des zweiten Virialkoeffizienten C sind so klein, daß wir hier nicht näher darauf eingehen wollen.

Im Prinzip ist es möglich, sowohl B als auch C aus Moleküldaten statistisch zu berechnen (siehe K. Schäfer loc. cit.). Allerdings sind dafür Daten erforderlich, die nicht immer bekannt sind. Man wird daher für Rechnungen mit praktischen Zielsetzungen meist empirische Virialkoeffizienten verwenden.

Für das weitere beschränken wir uns auf den zweiten Virialkoeffizienten B. Dieser besitzt eine ziemlich komplizierte Temperaturabhängigkeit. Bei tiefen Temperaturen beginnt der Verlauf mit negativen Werten, geht bei der sogen. Boyle-Temperatur durch 0 zu positiven Werten, die später ein Maximum durchlaufen.

Keine der in der Literatur vorhandenen empirischen Zustandsgleichungen beschreibt diesen Temperaturverlauf genau. Die Auswahl der Zustandsgleichung muß sich nach dem gewünschten Genauigkeitsgrad in dem gewünschten Temperaturintervall richten. Nach der einfachen van der Waals-Gleichung hat man ein B(T)

$$B(T) \;=\; b - \frac{a}{RT}$$

Eine von Callendar angegebene Variation liefert

$$B(T) = b - \frac{a'}{RT^{x}}$$

mit Werten für x zwischen 1,4 und 2.

Einen gewissen Prüfstein der einzelnen Näherungsformeln liefern die Daten für den kritischen Punkt oder bei der Boyle-Temperatur. Die van der Waals-Gleichung liefert

$$\frac{RT_K}{P_K V_K} = \frac{8}{3} = 2,67$$

Index k: Daten am kritischen Punkt.

was erfahrungsgemäß zu niedrig ist, und mit

$$\frac{T_{Boyle}}{T_K} = \frac{27}{8} = 3,375$$

einen zu hohen Wert.

Aus der Dieterici-Gleichung

$$P = \frac{RT}{v - b} \, e^{-A/RT^{3/2}v}$$

findet man für denselben Punkt

$$\frac{RT_k}{P_k V_k} = \frac{1}{2} e^2 = 3,695 \qquad ; \qquad \frac{T_{Boyle}}{T_K} = 4^{2/3} = 2,52$$

in besserer Übereinstimmung mit experimentellen Werten.

Meistens verwendet man jedoch wegen ihrer relativ guten Näherung
an die Wirklichkeit die Berthelotsche Zustandsgleichung, die ebenfalls die Anpassung mit nur zwei Konstanten ermöglicht:

$$pv = RT \left\{ 1 + \frac{9}{128} \left(\frac{P}{P_k}\right)\left(\frac{T_k}{T}\right) \left[1 - 6 \left(\frac{T_k}{T}\right)^2 \right] \right\}$$

$$mit \frac{RT_k}{P_k V_k} = \frac{128}{83} = 1,54$$

was anzeigt, daß diese Gleichung nicht im kritischen Gebiet verwendet werden kann.

Wieder kann man die Boyle-Temperatur abschätzen nach

$$\frac{T_{Boyle}}{T_{krit}} = 2,45$$

Für das Gebiet mäßiger Drucke und Temperaturen ist die Berthelot-
Gleichung recht gut zur Darstellung des tatsächlichen Verlaufes
geeignet.

Mit ihr erhalten wir für die Freie Enthalpie

$$G(p) - G(p^+) = RT \ln\frac{P}{p^+} + \frac{9}{128} \frac{T_k}{P_k} \left[1 - 6 \left(\frac{T_k}{T}\right)^2 \right] (p - p^+) \qquad (2.1.32)$$

und für die Entropie des realen Gases

$$S(p) - S(p^+) = R \left[\ln \frac{P}{p^+} - \frac{27}{32} \left(\frac{T_k}{T}\right)^3 \frac{P - P^+}{P_K} \right]$$

$$S_{real} - S_{ideal} = \frac{27}{32} \left(\frac{T_k}{T}\right)^3 \frac{P - P^+}{P_k} \cdot R \qquad (2.1.33)$$

Die letztere Beziehung ist besonders für die Berechnung von Normal-entropien und die Ermittlung von Nullpunktsentropien verwendet worden.

Die nach obiger Beziehung an der Entropie anzubringende Realitäts-korrektur ist etwa auf $\pm$ 20 % zuverlässig. Da es sich aber nur um einen Fehler an einer Korrekturgröße handelt, ist die insgesamt erreichbare Genauigkeit recht befriedigend.

Beispiel:

$S_{real} - S_{ideal}$ für Methan am Siedepunkt

T_k = 191 K T_{Siede} = 99,5 K

P_k = 46 at P = 0,324 $\vdash$ $P - P^+$

$$\delta S = \frac{27}{32} \cdot \frac{191^3}{99,5^3} \cdot \frac{0,324}{46} \cdot 8,3144 = 0,35 \quad \text{J/mol grad}$$

Die so ermittelte Korrektur der Entropie auf den Zustand des realen Gases muß man mit der experimentellen Unsicherheit der calorischen Entropie von 152,8 J/mol grd $\pm$ 0,4 vergleichen.

Die sich aus der Abweichung der realen Gase vom idealen Verhalten ergebende Problematik kann man etwa wie folgt zusammenfassen:

1. In der Nähe der Standardbedingungen (nicht zu hohe Drucke, nicht zu tiefe Temperaturen) kann man meist auf eine Berück-sichtigung der Virialkoeffizienten ganz verzichten. Siehe das Beispiel des Methans.

2. Sind die kritischen Daten des Gases bekannt, so kann man aus (2.1.32) und (2.1.33) eine Abschätzung des Einflusses der Realität auf die statistischen Größen bekommen. Allen-

falls kann man die kritische Temperatur noch aus der Beziehung
$T_{Boyle} \approx 4\, T_{Siede}$ und aus den Beziehungen für T_{Boyle}/T_{krit}
gewinnen, die im vorstehenden angegeben wurden.

3. Ist man dagegen an den zwischenmolekularen Wechselwirkungen
   interessiert, muß man die Spezialliteratur zu Rate ziehen.

4. Selbst wenn man die Virialkoeffizienten reiner Gase kennt, ist
   noch Vorsicht bei der Berechnung von Gleichgewichten geboten,
   da die Realitäts-Beziehungen bei Gasgemischen keineswegs additiv
   sind.

2. Rotation

Für die Behandlung der Rotation muß man zwischen einer ganzen Reihe
von Fällen unterscheiden. Dies erscheint auf den ersten Blick recht
kompliziert, erleichtert aber in der Praxis das tatsächliche Rechnen
ungemein.

Man unterscheidet zwischen:

       zwei- und mehratomigen, gestreckten Molekeln (zwei Träg-
       heitsachsen)

und

       gewinkelten Molekeln (drei Trägheitsachsen)

In beiden Fällen sind die Symmetrieverhältnisse der Molekeln wegen
der Frage der "Unterscheidbarkeit" der Zustände zu beachten.

Unabhängig vom Bau der untersuchten Molekeln unterscheidet man weiter
zwischen

1. Hochtemperatur-Bereich, für die meisten Gase bereits bei Zimmertemperatur gültig. Hier werden alle thermo-dynamischen Berechnungen
   wegen eines einfachen und genauen Näherungsausdruckes für die Zustandssumme sehr leicht durchführbar.

2. Tieftemperaturbereich (θ/T nicht zu klein). Dieser Bereich kommt selten vor und wird praktisch nur bei einigen Wasserstoff-Verbindungen
   wichtig. Andererseits ist dieser Bereich von großem theoretischen
   Interesse, weil hier die sogenannten Quanteneffekte leicht makroskopisch meßbar werden.

a) <u>Zwei- und mehratomige gestreckte Molekel</u>

Als einfachsten Fall betrachten wir zunächst eine zweiatomige Molekel,
also einen hantelförmigen Gegenstand. Die Rotationsbewegung einer
solchen Hantel wird durch den Abstand der beiden Massen und zwei
Winkelvariable beschrieben .

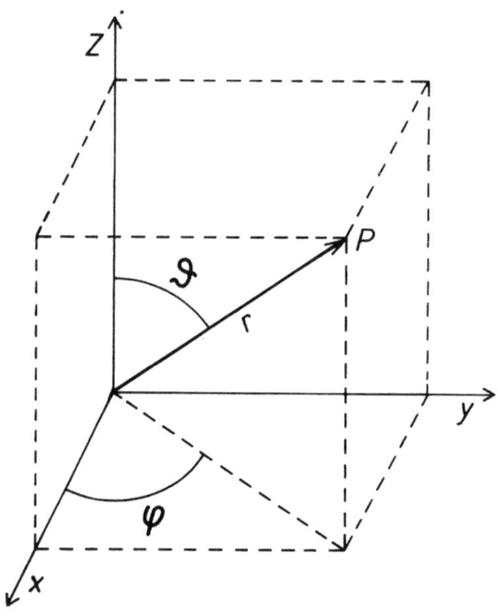

Abb. 2

Entsprechend ist die Schrödinger-Gleichung eines solchen Systems als
Produkt von drei Funktionen anzusetzen, die alleinige Funktionen
des Abstandes, und jedes der beiden Winkel sind:

$$\psi_{rot} = R\,(r)\; \Theta\,(\upsilon)\; \phi\,(\varphi)$$

Nehmen wir zunächst noch eine Vereinfachung vor, indem wir die Annahme machen, daß die Bindung so stark oder die Fliehkräfte so gering
sind, daß die Molekel praktisch starr ist, der Abstand der Massen
sich also in erster Näherung nicht ändert. Dies drückt sich in dem
einfacheren Separationsansatz

$$\psi_{rot} = \Theta\,(\upsilon)\; \phi\,(\varphi)$$

aus. Die Lösungen der Schrödinger-Gleichung stellen sich als Produkt
der bekannten Legendre'schen Polynome P_{ℓ}^{m} (cos ϑ) und exp (im φ) dar.

Die Gestalt der P_ℓ^m sind dem Chemiker aus der Orbitaltheorie hinreichend bekannt.

Entsprechend den beiden unabhängigen Variablen treten zwei Quantenzahlen ℓ und m auf. Die erstere bestimmt die Energie des Rotators und seinen Drehimpuls, die zweite, die sogenannte magnetische Quantenzahl m bestimmt die Lage des Rotators im Raum. Zwischen diesen beiden Quantenzahlen besteht die Beziehung $|m| \leq |\ell|$. Aus dieser Beziehung resultiert eine Entartung der Rotation: Für gegebenes, festes ℓ sind $2\ell + 1$ Einstellmöglichkeiten gegenüber einer äußeren Vorzugsrichtung möglich.

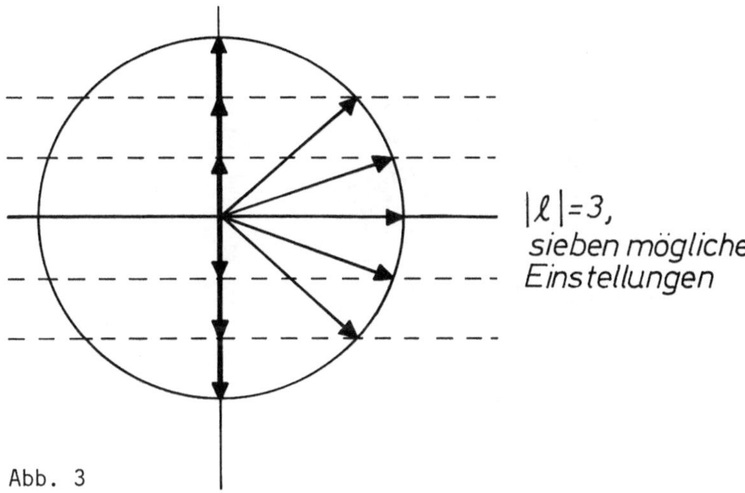

Abb. 3

Diese verschiedenen Einstellungen bei gleicher Energie der Rotation müssen in der Statistik stets berücksichtigt werden. Die Energieeigenwerte des starren Rotators lauten

$$\varepsilon_{rot} = \frac{\hbar^2}{2I}\, \ell(\ell + 1) \tag{2.2.1}$$

mit $\hbar$ = Plancksche Konstante dividiert durch 2π; I Trägheitsmoment; ℓ "Drehimpulsquantenzahl".

Mit Hilfe der Eigenwerte und der Entartung kann jetzt die Zustandssumme unmittelbar nach Gl. (1.10.12) angeschrieben werden:

$$Z_{rot} = \sum_{\ell=0}^{\infty} (2\ell + 1)\, \exp - \frac{\hbar^2 \ell(\ell+1)}{2IkT} \tag{2.2.2}$$

58

Aus dieser Zustandssumme können die thermodynamischen Daten des
Systems berechnet werden. Die Schwierigkeit der Unterscheidbarkeit taucht bei zweiatomigen Molekülen mit ungleichen Kernen nicht
auf, da alle Teilchen des Systems als durch andere Quantenzahlen
charakterisiert angesehen werden können, die Boltzmann-Statistik
ist also anwendbar. Für den Fall gleicher Kerne muß die Zustandssumme durch die Symmetriezahl 2 dividiert werden. (Siehe Abschnitt
2.h).

Die Berechnung von (2.2.2) kann durchgeführt werden, wenn das Trägheitsmoment I der Molekel bekannt ist. Das Trägheitsmoment einer Hantel
ist definiert durch:

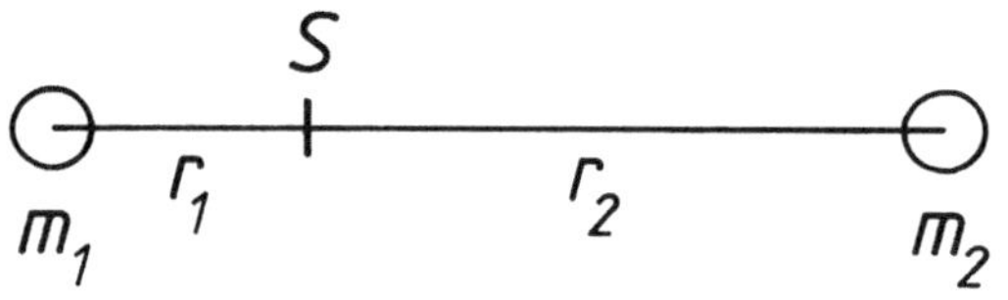

Abb. 4

$$I = \sum_i m_i \, r_i^2 \rightarrow I = m_1 \, r_1^2 + m_2 \, r_2^2$$

für $r = r_1 + r_2$

$$I = \frac{m_1 \, m_2}{m_1 + m_2} \cdot r^2 = \mu \cdot r^2 \qquad (2.2.3)$$

mit der Atommasse m_i, dem Schwerpunktabstand r_i und der "reduzierten
Masse" μ. (s. Abb. 4)

Um zu einer einfacheren Schreibweise für (2.2.2) zu kommen, fassen
wir die Naturkonstanten im Exponenten mit dem Trägheitsmoment zu
einer "charakteristischen Temperatur der Rotation", Θ_{rot} zusammen:

$$\Theta_{rot} = \frac{\hbar^2}{2Ik} \qquad (2.2.4)$$

und drücken Zustandssummen und deren Funktionen als Funktionen von
Θ_{rot} aus.

Es ist nützlich, sich einen Überblick über die Größenordnungen von
charakteristischer Temperatur und Trägheitsmomenten zu verschaffen.
Für Wasserstoff erhalten wir bei einem Kernabstand von $0{,}74 \cdot 10^{-10}$ m;

Tabelle 4. Trägheitsmomente und charakteristische Rotationstemperatur einiger 2-atomiger Molekeln

Molekel	r	I	θ	Molekel	r	I	θ
H_2^1	0,7416	0,4565	88,16	O_2^{16}	1,207	19,36	2,08
H^1H^2	0,7413	0,6081	66,17	$O^{16}H^1$	0,9706	1,472	27,34
H^1H^3	0,7416	0,6847	58,77	$C^{12}O^{16}$	1,128	14,488	2,78
H_2^3	0,7416	1,3694	29,38	Cl^{35}	1,988	114,81	0,35
H^1F^{19}	0,9171	1,3264	30,34	F^{19}	1,435	32,474	1,24
H^2F^{19}	0,917	2,526	15,93	K^{39}	3,923	498,17	0,081
H^1Cl^{35}	1,275	2,624	15,34	$K^{39}Cl^{35}$	2,79	238,4	0,17
H^1Br	1,414	3,278	12,28	Na_2^{23}	3,079	180,98	0,22
H^1J^{127}	1,604	4,238	9,50	$Na^{23}Cl^{35}$	2,51	145,15	0,28
N_2^{14}	1,094	13,907	2,89	C_2^{12}	1,3117	17,294	2,33
$N^{14}H^1$	1,038	1,669	24,11				
$N^{14}O^{16}$	1,151	16,42	2,45				

einer reduzierten Masse von 0,5 Atomgewichtseinheiten entsprechend
$0,5 \cdot 1,66 \cdot 10^{-27}$ kg nach (2.2.3) ein Trägheitsmoment von

$$I = 0,5 \cdot 1,66 \cdot 10^{-27} \cdot 0,74 \cdot 10^{-20} = 4,545 \cdot 10^{-48} \text{ kg m}^2$$

daraus mit $k = 1,38 \cdot 10^{-23}$ J/K und $\hbar^2 = 1,111 \cdot 10^{-68} \cdot J^2 s^2$

$$\Theta_{rot\ H_2} = \frac{1,111 \cdot 10^{-68}}{2 \cdot 4,545 \cdot 10^{-48} \cdot 1,38 \cdot 10^{-23}} = 88,6 \text{ K}$$

Angaben über einige weitere zweiatomige Molekeln finden sich in
Tabelle 4.

Weiterhin kann es bequem sein, die Konstanten im Exponenten so zu-
sammenzufassen, daß man mit Atomgewichtseinheiten und Angström rechnen kann. Man erhält dann:

$$\Theta_{rot} = \frac{24,24606}{M_{red}\ r^2}$$

Wobei $M_{red} = M_1 : M_2\ /\ M_1 + M_2$ in Atomgewichtseinheiten und für r
der Abstand der beiden Massen in Angström eingesetzt werden kann.

Einige numerische Einzelheiten zur Zustandssumme der Rotation

Die Zustandssumme (2.2.2) schreibt sich mit Θ_{rot}:

$$Z_{rot} \sum_{\ell=0}^{\infty} (2\ell + 1) \exp - \frac{\Theta}{T} \ell(\ell + 1) \tag{2.2.5}$$

Wie die Tabelle der Θ_{rot}-Werte für einige ausgewählte Moleküle,
Tabelle 4 zeigt, wird die im Exponenten von (2.2.5) bestimmende
Größe Θ_r/T meist eine relativ kleine Zahl werden.

Bei kleinen Exponenten konvergiert die Zustandssumme nur sehr
langsam. Man erkennt dies aus der folgenden Tabelle 5.

In ihr sind die Werte der Rotationszustandssumme als Funktion von
Θ_r/T sowie die zugehörigen Logarithmen angegeben. Ferner ist die
prozentuale Änderung der Zustandssumme angegeben, wenn die Summation
um ein weiteres Glied verlängert wird. In der letzten Zeile ist die
Zahl der in der Summation berücksichtigten Glieder, die für die angegebene Genauigkeit (Änderung) erforderlich war, angegeben. Man erkennt an der Tabelle, daß bei kleinem Θ_r/T sehr viele Glieder er-

Tabelle 5. Zum Konvergenzverhalten der Rotations-Zustandssummen
(ohne Symmetriezahl)

Θ_r/T	Z_{rot}	$\ln Z$	$\Delta\%$	n_{max}	
0,001	993,869	6,90160	0,1	70	Cl_2
0,003	299,496	5,7021	0,1	41	
0,006	150,087	5,0112	0,1	30	O_2
0,01	100,219	4,6074	0,1	25	CO
0,0166	60,296	4,0993	0,1	20	
0,033	30,319	3,4118	0,1	14	
0,05	20,333	3,0122	0,1	12	
0,1	10,3357	2,3360	0,1	9	HF
0,2	5,347	1,6765	0,1	6	
0,3	3,6879	1,3050	0,1	5	H_2
0,4	2,8623	1,0516	0,1	5	
0,5	2,3703	0,86303	0,1	4	
0,75	1,7258	0,54569	0,1	3	
1,0	1,4184	0,34956	0,001	4	
2,0	1,0550	0,05352	0,01	2	

forderlich sind, um die angegebene Änderung beim Fortschreiten der
Summation zu unterschreiten.

Dies bedeutet auch, daß die der angegebenen Gliederzahl entsprechende
hohe Drehimpuls-Quantenzahl immer noch einen merklichen Beitrag zur
Zustandssumme leistet oder, mit anderen Worten, immer noch nennenswert angeregt ist.(Die Anregung sehr hoher Quantenzahlen ist ein we-
sentlicher Unterschied zur Schwingungsbewegung, wo bei Zimmertemperatur nur die untersten Quantenzahlen einen meßbaren Beitrag liefern.)

Zur Orientierung sind die chemischen Symbole einiger Molekeln bei
oder zwischen den Θ/T Werten eingetragen, die sie bei Zimmertemperatur etwa einnehmen würden. Man erkennt daraus, daß in Temperaturbe-
reichen, die für die alltägliche Chemie von Bedeutung sind, Θ/T
im allgemeinen kleiner als 0,1 angenommen werden kann.

b) <u>Hochtemperatur-Näherung</u>

Für genügend hohe Temperaturen bzw. genügend kleine Werte von Θ
($\Theta/T < 0{,}1$) wird die Berechnung der Rotationsgrößen durch die
folgende Näherung außerordentlich vereinfacht; für Θ/T-Werte
$> 0{,}1$ muß man auf andere Verfahren zurückgreifen, die wir im
Zusammenhang mit dem Problem des Wasserstoffs behandeln wollen.

Wie die Tabelle 5 zeigt, wird die Zahl der erforderlichen Glieder
für $\Theta/T \ll 0{,}1$ groß und der größenmäßige Abstand der Glieder
daher immer geringer. Es leuchtet ein, daß die Summe durch ein
Integral ersetzt werden kann:

$$\sum_{l=0}^{\infty} (2l+1)\, e^{-\frac{\Theta_r}{T} l(l+1)} \;\Longrightarrow\; \int_{0}^{\infty} (2l+1)\, e^{-\frac{\Theta_r}{T} l(l+1)}\, dl \qquad (2.2.6)$$

$$\text{für } \Theta_{rot/T} \longrightarrow 0$$

Dieses Integral ist durch die Substitution

$$l(l+1) = z; \qquad dz = 2l + 1$$

leicht geschlossen anzugeben:

$$Z_{rot} = \int_{0}^{\infty} e^{-\frac{\Theta}{T} z}\, dz = \frac{T}{\Theta_{rot}} \qquad (2.2.7)$$

In dieser Näherung ist die Zustandssumme der Rotation nichts anderes
als der Kehrwert der bisher verwendeten Größe Θ_r/T. Also

$$Z_{rot} = T/\Theta = T\,\frac{M_{red}\, r^2}{24{,}24606} \qquad (2.2.8)$$

für zweiatomige Moleküle mit ungleichen Kernen und

$$Z_{rot} = \frac{1}{2}\,\frac{T}{\Theta_{rot}} = T\,\frac{M_{red}\, r^2}{48{,}492}$$

für zweiatomige Moleküle mit gleichen Kernen.

Der Gültigkeitsbereich dieser Näherung wird wiederum aus der Tabelle 5
deutlich.

Für $\Theta_r/T = 0,0033..$ ist Z_r nach (2.2.7) gleich 300 gegenüber dem mit
41 Gliedern berechneten Wert von 299,46. Noch bei $\Theta/T = 0,05$; $Z = 20$,
beträgt der Fehler in Z erst rund 1,6 %; in $\ln Z$, also in den vom
Logarithmus bestimmten thermodynamischen Daten rund 0,6 %. (Dieser
Wert ist durchaus noch brauchbar.)

Damit ergeben sich für diesen Temperaturbereich die folgenden thermodynamischen Funktionen für die zweiachsige Molekel mit ungleichen
Atomen:

$$F_{rot} = - RT \ln Z_{rot} = - RT \ln T + RT \ln \Theta_{rot}$$

$$S_{rot} = - \left.\frac{\partial F}{\partial T}\right|_V = R - R \ln \Theta + R \ln T$$

$$U_{rot} = F_{rot} + TS_{rot} = RT$$

$$C_{v_{rot}} = \left.\frac{\partial U}{\partial T}\right|_V = R$$

$$\text{Ferner, da} \quad P_{rot} = - \left.\frac{\partial F_{rot}}{\partial V}\right|_T = 0$$

$$G_{rot} = F_{rot}$$

$$H_{rot} = U_{rot}$$

$$C_{p_{rot}} = C_{v_{rot}}$$

$$V_{rot} = \left.\frac{\partial G}{\partial P}\right|_T = 0 \tag{2.2.9}$$

Für die zweiatomigen Molekel mit gleichen Kernen ist F durch
$+ RT \ln 2$ und S durch $- R \ln 2$ zu ergänzen. Bei der Bildung
von U und C_v wird die Symmetriezahl eliminiert.

c) <u>Der Tieftemperatur-Bereich</u>

Die Behandlung dieses Bereiches wird am besten an einem Beispiel
erläutert:
Wir wählen als Molekel den Deuterium-Wasserstoff, HD. Die besonderen Effekte dieses Temperaturbereiches werden experimentell am
leichtesten beobachtbar im Verlauf der spezifischen Wärme (einfache
Messung durch Bestimmung der Wärmeleitfähigkeit nach Schleiermacher).

Es wird ein Maximum von C_{rot} bei 50,469 K beobachtet, rechnerisch erhält man ein Θ_{rot} von 64,6 K. An der Stelle des Maximums beträgt $\Theta_r/T = 1,28$ und die Rotationswärme 9,142 J/grad Mol, liegt also erheblich über dem klassischen Grenzwert von $2 \cdot 1/2 \cdot R = 8,314$ J/ grad Mol. Nach der Hochtemperatur-Näherung würde sich eine Zustands- summe von 0,78126 ergeben, und man sieht sofort, daß dieser Wert um rund 50 % falsch ist. Weiter sieht man aus der Tabelle 5, daß in diesem Bereich die Zustandssumme bereits durch wenige Glieder recht genau berechenbar ist.

Zwei Wege bieten sich für die Behandlung dieses Falles an:

1. Die Berechnung der Rotationswärme direkt aus der Zustands- summe.

2. Die Verbesserung der Hochtemperatur-Näherung durch Ver- besserung des Hochtemperatur-Integrals, z. B. durch die Eulersche Summenformel.

<u>Beispiel</u>   Berechnung aus der Zustandssumme

Der Ausdruck für die spezifische Wärme lautet (analog 1.10.11)

$$C_{rot} = RT \frac{\partial^2}{\partial T^2} T \ln Z_{rot} \qquad (2.2.10)$$

Die zweimalige Differentiation stellt hohe Ansprüche an die numerische Genauigkeit, die man erst durch die modernen Rechner bequem erfüllen kann. Zwei Methoden sind möglich: Die Verwendung der Definition des Differentialquotienten

$$\frac{dy}{dT} \simeq \frac{y(T + \Delta T) - y(T)}{\Delta T}$$

für ein hinreichend kleines Temperaturintervall, oder besser, die Approximation der Kurve durch eine Parabel, die dann formelmäßig differenziert, einen bequemen und recht genauen Wert für den Differen- tialquotienten ergibt (siehe z. B. Zurmühl, Praktische Mathematik). Eine solche Differentiationsformel lautet:

$$y_0' = \frac{1}{10h} (-2y_{-2} - y_{-1} + y_1 + 2y_2) \qquad (2.2.11)$$

Hierin bedeuten y_0 den Funktionswert an der Differentiationsstelle y_0' die Ableitung an dieser Stelle (50,469 K), h ein Intervall, durch das die Stützstellen der Berechnung getrennt werden, y_{-1} und y_{-2} die Werte der Funktion an ein, bzw. zwei h niedrigeren Werten des Argumentes, entsprechend y_1 und y_2 die Funktionswerte an ein und zwei h höheren Argumenten.

Für die zweifache numerische Differentiation muß die Differentiationsformel zweimal angewendet werden:

$$y_0'' = \frac{1}{10h} \left(-2y_{-2}' - y_{-1}' + y_1' + 2y_2' \right)$$

Das bedeutet, daß die Zustandssumme bzw. TlnZ von y_{-4} bis y_4, also in neun Werten, zu berechnen ist. Dies ist auf einem programmierbaren Taschenrechner leicht zu erledigen, da nur 3 Glieder für eine Genauigkeit von 0,1 % erforderlich sind (siehe Tabelle 5).

Entsprechend sind auch nur 6 Stellen für die Rechnung erforderlich, der Anschaulichkeithalber sind aber im folgenden alle Stellen eines Taschenrechners aufgeführt.

Die Berechnung der Zustandssumme erfolgt nach (2.2.2) mit nur 3 Gliedern. Die Hinzunahme eines vierten Gliedes ändert nichts mehr an den hier angegebenen Dezimalstellen.

Berechnungsbeispiel C_{rot} von HD, $\theta = 64,6$; $T = 50,469$; $h \equiv \Delta T = 0,1^0$

T	ln Z	T ln Z	y_i
50,069	0,2065230385	10,34040201	− 4
50,169	0,2075031621	10,41022614	− 3
50,269	0,2084837332	10,48026878	− 2
50,369	0,2094647409	10,55052953	− 1
50,469	0,2104461747	10,62100799	0
50,569	0,2114280239	10,69170374	+ 1
50,669	0,2124102781	10,76261638	+ 2
50,769	0,2133929268	10,8337455	+ 3
50,869	0,2143759597	10,90509069	+ 4

66

Aus diesen Werten von T ln Z erhält man aus der Anwendung der Diff.Formel
(2.2.11) die folgenden ersten Ableitungen:

$$y'_0 = 0,70586941 \qquad\qquad y'_{+1} = 0,070804033$$
$$y'_{-1} = 0,70369441 \qquad\qquad y'_{+2} = 0,71020716$$
$$y'_{-2} = 0,70151535$$

Die ersten Ableitungen kann man bereits zur Berechnung der Entropie
verwenden, da ja F = - RT ln Z und S = - $(\partial F/\partial T)_V$ ist.

Durch Einsetzen der eben berechneten ersten Ableitungen in die
Differentiationsformel erhält man

$$y_0 = \frac{1}{10 \cdot 0,1} (- 2 \cdot 0,70151535 - 0,70369441 + 0,70804033)$$

$$2 \cdot 0,71020716) = 0,02172954$$

und schließlich

$$C_{rot} = 0,02172954 \cdot 8,3144 \cdot 50,469 = 9,118 \text{ J/grad Mol}$$

in vorzüglicher Übereinstimmung mit dem experimentellen Wert
(innerhalb der experimentellen Fehlergrenze).

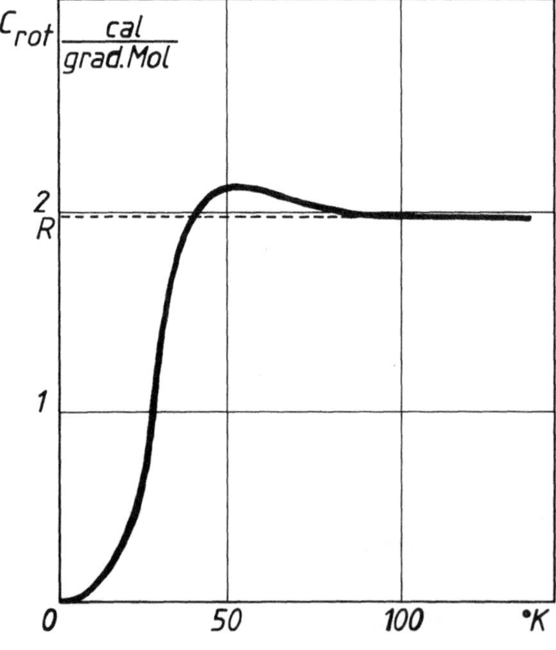

Abb. 5

Das Auftreten eines Maximums der spezifischen Wärme ist ein augenfälliger Quanteneffekt und kann aus der klassischen Mechanik nicht geklärt werden. Er kommt hier zustande, weil die Exponentialglieder der Zustandssumme ständig abfallen, aber der Entartungsfaktor (2l + 1) die Folge 1; 3; 5; 7 usw. bildet, also gerade bei den untersten Rotationsniveaus sprunghaft ansteigt. Man kann die hier gegebenen Daten also folgerichtig so interpretieren, daß das Maximum der spezifischen Wärme im wesentlichen durch die Besetzung des zweiten Rotationsniveaus bei dieser Temperatur verursacht wird. Im übrigen folgt ein solches Maximum auch für schwerere Gase, hat dort aber keine Bedeutung, da die entsprechende Temperatur wegen des größeren Trägheitsmomentes tiefer als die des Wasserstoffs liegt und diese Gase dort nicht mehr mit für die Messung ausreichendem Dampfdruck existieren. Umgekehrt bedeutet dieses Ergebnis, daß bei allen schwereren Gasen als den Wasserstoffisotopen schon bei Temperaturen weit unter Zimmertemperatur die Rotation hoch angeregt ist.

d) <u>Verbesserung der Hochtemperatur-Näherung für den Tieftemperatur-Bereich</u>

In der Theorie der unendlichen Reihen kennt man die sogenannte Eulersche Summenformel. Sie gestattet in Fällen, wo Θ/T nicht genügend klein ist, den Unterschied zwischen der Reihe der Zustandssumme und dem für $\Theta/T \to 0$ im Grenzfall geltendem Integral durch einige Glieder einer Potenzreihe genauer zu erfassen (siehe Knoop, Unendliche Reihen; K. Schäfer, Stat. Theorie der Materie). Nimmt man Glieder bis zu $(\Theta/T)^3$ bei einer solchen Entwicklung mit, ergibt sich der folgende Nährungsausdruck:

$$Z_{rot} = \frac{T}{\Theta_{rot}} \left[1 + \frac{1}{3} \frac{\Theta_{rot}}{T} + \frac{1}{15} \left(\frac{\Theta_r}{T}\right)^2 + \frac{1}{60} \left(\frac{\Theta_r}{T}\right)^2 + \ldots \right] \qquad (2.2.12)$$

Hieraus ergeben sich für die thermodynamischen Funktionen folgende Beziehungen:[*]

---

[*] Der Logarithmus der Klammer in (2.2.12) läßt sich nach ln (1 + x) = x - 1/2 x + 1/3 x^3... entwickeln. Weglassen aller höheren Potenzen in Θ/T als die Dritte liefert die angegebenen Ausdrücke 2.2.13.

$$F_{rot} = -RT \ln \frac{T}{\Theta_r} - RT \ln \left(1 + \frac{1}{3}\frac{\Theta_r}{T} + \frac{1}{15}\left(\frac{\Theta}{T}\right)^2 + \frac{1}{60}\left(\frac{\Theta}{T}\right)^3\right)$$

$$= -RT \ln \frac{T}{\Theta_r} - \frac{R\Theta_r}{3} - \frac{RT}{90}\left(\frac{\Theta_r}{T}\right)^2 - \frac{11}{1620} RT \left(\frac{\Theta_r}{T}\right)^3$$

entsprechend

$$S_{rot} = -\left.\frac{\partial F}{\partial T}\right|_V = R \ln \frac{T}{\Theta_r} + R - \frac{R}{90}\left(\frac{\Theta_r}{T}\right)^2 - \frac{11\,R}{810}\left(\frac{\Theta_r}{T}\right)^3$$

$$U_{rot} = F_{rot} + TS_{rot} = RT - \frac{R\Theta_r}{3} - \frac{RT}{45}\left(\frac{\Theta_r}{T}\right)^2 - \frac{11}{540}\left(\frac{\Theta_r}{T}\right)^3$$

$$C_{V_{rot}} = \left.\frac{\partial U}{\partial T}\right|_V = R + \frac{R}{45}\left(\frac{\Theta_r}{T}\right)^2 + \frac{11\,R}{270}\left(\frac{\Theta_r}{T}\right)^3 \qquad (2.2.13)$$

Auf das im vorigen Beispiel behandelte Maximum der spezifischen
Wärme des HD angewandt, ergibt die Näherung nach (2.2.13) folgende Werte mit $\Theta/T = 1,28$.

$$C_{rot} = 8,3144 + 0,18476 \cdot 1,6384 + 0,3387 \cdot 2,0972$$
$$= 9,3274 \text{ J/grad Mol}$$

in noch guter Übereinstimmung mit dem experimentellen Wert von
9,142 J /grad Mol. Diese einfach zu berechnende Näherung ist also
für das Gebiet Θ/T größer etwa 0,5 noch geeignet.

e) <u>Spektroskopische Werte für die Rotationstemperatur zweiachsiger
Molekeln</u>

Aus den Eigenwerten der Rotation

$$\varepsilon_{rot} = \frac{\hbar^2}{2\,I}\, l(l + 1)$$

ergeben sich für die Dipolstrahlung (normales Infrarot) mit der
Auswahlregel $\Delta l = \pm 1$ für einen Übergang zwischen benachbarten
Termen:

$$h\,\tilde{\nu}_{rot} = \frac{\varepsilon_{l+1} - \varepsilon_l}{c} = \frac{\hbar^2}{2\,c\,I}\left[(l + 1)(l + 2) - l(l + 1)\right]$$

$$= 2 \cdot \frac{\hbar^2}{2\,c\,I}\,(l + 1)$$

Ein solcher Übergang wird bei genügender Auflösung als Linie beobachtet. Da l jeweils nur um 1 wachsen darf, ergeben sich die folgenden Linien:

$$2 \frac{\hbar^2}{2 c I} \cdot 2 \quad ; \quad \frac{2 \hbar^2}{2 c I} \cdot 3 \quad ; \quad \frac{2 \hbar^2}{2 c I} \cdot 4 \quad ; \quad u.s.w.$$

Der Abstand aufeinanderfolgender Linien beträgt stets

$$2 \cdot \frac{\hbar^2}{2 c I} = 2 B$$

mit der sogenannten "Rotationskonstanten" B in cm^{-1}.

Bei Ramanspektren folgen die Linien wegen der dort geltenden Auswahlregel $l \pm 2$ im Abstand von 4 B aufeinander.

Die Rotationskonstante findet sich für viele Moleküle z. B. bei Herzberg tabelliert oder kann unschwer aus genügend aufgelösten Rotationsspektren entnommen werden. Ein Vergleich der in B zusammengefaßten Konstanten mit der Definition von Θ_{rot} zeigt, daß

$$\Theta_{rot} = \frac{h \, c}{k} B = 1,43878 \cdot B \qquad (2.2.14)$$

für die zweiachsige Molekel gilt. Bei bekannten Massen kann man diese Beziehung zur Kontrolle von Kernabständen verwenden.

f) <u>Mehratomige, gewinkelte Molekeln</u>

Während bei der zweiatomigen Molekel das Hauptträgheitsmoment in einer Achse liegt, die senkrecht auf der Kernverbindungsachse steht und durch den Schwerpunkt geht, haben allgemeinere Molekeln drei nach Richtung und Betrag verschiedene Trägheitsmomente.

Die korrekte Behandlung der Schrödinger-Gleichung für diesen allgemeinen Fall ist sehr umfangreich und macht außerdem die Behandlung der verschiedenen möglichen Kopplungen mit Elektronenzuständen, Spin und Schwingungen erforderlich. Diese Untersuchungen sind in der Spektroskopie unerläßlich, für unseren Zweck jedoch, die Ermittlung thermodynamischer Daten aus der Statistik, kann man auf viele die-

ser Einzelheiten verzichten. Noch zu überschauen sind die Verhältnisse beim sogenannten "symmetrischen Kreisel".

Dies ist ein Körper, bei dem zwei der drei Hauptträgheitsmomente
einander gleich (gleich I) sind, während das dritte, I_a, davon abweicht. Bei einem solchen Kreisel werden die Quantenzustände (Eigenwerte) durch

$$\varepsilon_{rot} = \frac{\hbar^2}{2\,I}\, l(l + 1) + \tau^2\, \hbar^2\, \left(\frac{1}{I_a} - \frac{1}{I}\right) \quad ; \quad I_a \leq I \qquad (2.2.15)$$

gegeben. Hierin sind l und τ ganze Zahlen einschließlich der Null und
es muß weiter gelten $l \geq |\tau|$.

Jeder Eigenwert ist durch ein Wertepaar (l,τ) charakterisiert und
außerdem $(4\,l + 2)$-fach entartet; nur zu $\tau = 0$ gehört eine $(2\,l + 1)$-
fache Entartung. Damit ergibt sich für die Zustandssumme:

$$Z_{rot} = \sum_{\tau=0}^{\infty} \sum_{l=\tau}^{\infty} 2(2l + 1)\, \exp\left\{- \frac{\hbar^2}{2IkT}\, l(l + 1)\right\} \cdot \exp\left\{\frac{-\hbar^2}{2kT}\left(\frac{1}{I_a} - \frac{1}{I}\right)\right\}$$

Bei der Behandlung der zweiatomigen Molekeln haben wir gesehen,
daß die Hochtemperatur-Näherung für alle praktisch interessanten
Fälle ausreicht, wenn man von einigen Wasserstoff-Verbindungen
absieht. Das ist bei den jetzt zu behandelnden Molekeln noch
verstärkt der Fall, da diese mehratomigen Molekeln ja immer so
schwer sein werden, daß die Werte für Θ/T, jedenfalls in einem
Temperaturgebiet wo noch ein endlicher Dampfdruck vorliegt, ausreichend klein sind. Man kann sich hier also getrost auf die Hochtemperatur-Näherung beschränken und die Zustandssumme als Integral
berechnen:

$$Z_{rot} = \int_0^{\infty}\int_{\tau}^{\infty} 2(2l+1)\, \exp\left\{- \frac{\hbar^2}{2IkT}\, l(l+1)\right\}\, dl \cdot \exp\left\{\frac{\hbar^2}{2kT}\left(\frac{1}{I_a} - \frac{1}{I}\right)\right\}\, d\tau$$

Das Integral über l ist über alle Werte von $l > \tau$ zu erstrecken,
sodann muß über τ vom 0 bis ∞ integriert werden. Die Integration
über l ist elementar auszuführen, sie liefert

$$Z_{rot} = \frac{2IkT}{\hbar^2} \cdot 2 \int_0^{\infty} \exp\left\{- \frac{\hbar^2}{2IkT}\, (\tau^2+\tau) - \frac{\hbar^2\tau^2}{2IkT}\left(\frac{I}{I_a} - 1\right)\right\}\, d\tau$$

Rechnet man den Exponenten aus und vernachlässigt einen Term mit τ gegen $I \cdot 2^2/I_a$, was wegen der Voraussetzung hoher Quantenzahlen τ und weil $I/I_a \approx 1$ keinen großen Fehler bringt, geht dieses Integral über in

$$Z_{rot} = \frac{2IkT}{\hbar^2} \cdot 2 \cdot \int_0^\infty \exp\left\{ - \frac{\hbar^2\, \tau^2}{2\, I_a\, kT} \right\}\, d\tau$$

$$= \frac{2IkT}{\hbar^2} \cdot \frac{2}{2} \cdot \sqrt{2\frac{I_a\, kT}{\hbar^2}}\, \pi$$

Wir können das Ergebnis etwas umschreiben, wenn $I = \sqrt{I \cdot I}$ gesetzt wird:

$$Z_{rot} = \frac{2\sqrt{2\pi}}{\hbar^3} (kT)^{3/2} (I \cdot I \cdot I_a)^{1/2}$$

In konsequenter Erweiterung dieses Ergebnisses, daß nämlich jedes Trägheitsmoment mit seiner Wurzel in die Zustandssumme eingeht, können wir jetzt ohne weiteren Beweis für die Zustandssumme von dreiachsigen Molekeln folgern:

$$Z_{rot} = \frac{2\sqrt{2\pi}}{\hbar^3} (kT)^{3/2} (I_a\, I_b\, I_c)^{1/2} \tag{2.2.16}$$

Diese Form schließt den Fall des symmetrischen Kreisel automatisch mit ein. Das Problem der Berechnung der Zustandssumme mehrachsiger Moleküle ist damit auf die Berechnung des Produktes der drei Trägheitsmomente zurückgeführt.

Die Berechnung der thermodynamischen Funktionen geschieht dann mit den gleichen Formeln wie bei zweiatomigen Molekeln, nur daß anstelle des dort verwendeten Trägheitsmomentes jetzt die Wurzel aus dem Produkt der drei Trägheitsmomente eingesetzt wird.

Für das praktische Rechnen ist die Form (2.2.16) häufig etwas umständlich. Man überzeugt sich durch Ausmultiplizieren der Konstanten leicht davon, daß (2.2.16) auch in der Form

$$Z_{rot} = \frac{\pi^{1/2}\, T^{3/2}}{\sigma\; \Theta_{rot}^{3/2}} \tag{2.2.17}$$

geschrieben werden kann, mit der Symmetriezahl σ und

$$\Theta_{rot} = \frac{h^2}{8\pi^2 k (I_a I_b I_c)^{1/3}} = \frac{40,242}{10^{40}(I_a I_b I_c)^{1/3}}$$

$$\text{bzw.} \qquad \Theta_{rot}^{3/2} = \frac{255,28}{10^{60}\sqrt{I_a I_b I_c}} \qquad\qquad (2.2.18)$$

Welche Form man auch verwenden will, immer kann man die Zustandssumme der Rotation einer dreiachsigen Molekel schließlich mit den
folgenden Zahlen darstellen:

$$Z_{rot} = 6,943 \cdot 10^{57} \cdot T^{3/2} \sqrt{I_a I_b I_c} \cdot \frac{1}{\sigma}$$

und für den Logarithmus

$$\ln Z_{rot} = 133,185 + \frac{3}{2} \ln T + \frac{1}{2} \ln (I_a I_b I_c) - \ln \sigma \qquad (2.2.19)$$

(Die Bedeutung der Symmetriezahl wird in einem späteren Abschnitt
erläutert.)

Verwendung spektroskopischer Daten

Für dreiachsige Moleküle erhält man aus der Rotationsspektroskopie
die drei "Rotationskonstanten" A_o, B_o, C_o. Diese Konstanten hängen
mit den Trägheitsmomenten der Molekel wie folgt zusammen:

$$A_0 = \frac{h}{8\pi^2 c\, I_a} \quad ; \quad B_0 = \frac{h}{8\pi^2 c\, I_b} \quad ; \quad C_0 = \frac{h}{8\pi^2 c\, I_c}$$

$$\text{bzw.} \qquad I_a = \frac{2,798 \cdot 10^{-39}}{A_0} \quad , \quad \text{u.s.w.}$$

Damit erhält man schließlich eine sehr einfache Form der Rotationstemperatur:

$$\Theta_{rot} = \frac{hc}{k} (A_0 B_0 C_0)^{1/3}$$

$$= 1,43878\, (A_0 B_0 C_0)^{1/3}$$

und

$$\Theta_{rot}^{3/2} = 1,7258 \sqrt{A_0 B_0 C_0} \qquad\qquad (2.2.20)$$

Diese optisch bestimmte Rotationskonstante kann nach dem voranstehendem unmittelbar zur Berechnung thermodynamischer Daten verwendet werden oder aber umgekehrt zur Kontrolle von Strukturmodellen, aus denen sich ein Trägheitsmoment als Funktion von Massen, Winkeln und Abständen berechnen läßt, welches man dann mit der experimentellen Rotationskonstante vergleicht. In der Radioastronomie sind solche Vergleiche, allerdings sehr verfeinert, häufig ein wichtiges Mittel zur Identifizierung unbekannter Linien.

<u>Beispiel:</u>

Gesucht sei die Rotationszustandssumme von Wasser bei 1000 K. Im Herzberg findet man für die Rotationskonstanten:

$$A_o = 27,877; \quad B_o = 14,512; \quad C_o = 9,285$$

Daraus erhält man unmittelbar für den in die Zustandssumme eingehenden Wert von $\Theta^{3/2}$

$$\Theta_{rot}^{3/2} = 1,7258 \cdot \sqrt{27,877 \cdot 14,512 \cdot 9,285} = 105,7714$$

Oder die Rotationstemperatur selbst:

$$\Theta_{rot} = 1,4388 \, (A_o B_o C_o)^{1/3} = 22,36 \text{ grad}$$

Schließlich, mit der Symmetriezahl 2, ergibt sich für die Zustandssumme:

$$Z_{rot}^{(1000)} = \frac{\pi^{1/2} \cdot 1000^{3/2}}{2 \cdot 105,7714} = \frac{1,7724 \cdot 31622,77}{2 \cdot 105,7714} = 265,958$$

und

$$\ln Z_{rot_{H_2O}}^{(1000)} = 5,5796$$

g) <u>Die Berechnung von Trägheitsmomenten aus Molekülmodellen</u>

Die Rotation einer Molekel erfolgt stets um ihren Schwerpunkt. Kennt man die sich bei freier Rotation einstellenden Drehachsen, kann man das Trägheitsmoment um diese Achsen aus der Masse und dem Quadrat des Abstands des Massenpunktes von den Drehachsen berechnen.

Normalerweise ist aber die Lage der freien Drehachsen nicht bekannt.
Die Molekel liegt vielmehr als Satz von Koordinaten der einzelnen
Atome in einem willkürlich festgelegten Koordinatensystem vor. Für
diesen Fall sind folgende Arbeitsschritte zu erledigen:

1. Aufstellung der Punktkoordinaten in einem beliebigen
   rechtwinkligen Koordinatensystem

2. Berechnung des Schwerpunkts

3. Transformation der Koordinaten aus Schritt 1 so, daß
   ihr Ursprung in den Schwerpunkt verschoben wird.

4. Berechnung des Trägheitstensors

5. Berechnen der Determinante des Trägheitstensors.

Damit sind die unbedingt notwendigen Daten bereits berechnet, da die
Determinante das Produkt der drei Trägheitsmomente darstellt. Zur
besseren Veranschaulichung der tatsächlichen Verhältnisse kann man
aber noch mit leichter Mühe die Lage der Rotationsachsen berechnen.
Obwohl diese keinen Einfluß auf die thermodynamischen Daten haben, ist
diese Berechnung häufig zur Kontrolle der Modellvorstellung nützlich,
soll daher hier mit behandelt werden. Hierzu sind folgende Schritte
anzuschließen:

6. Aufstellen des charakteristischen Polynoms der Determinante
   aus Schritt 5,

7. Berechnen dieses Polynoms als Gleichung dritten Grades
   (Hauptachsentransformation)

8 Berechnung der Drehachsen (Hauptachsen)

Alle Rechnungen lassen sich mit einem elektronischen Taschenrechner
mit 6 oder mehr Speichern leicht durchführen, man sollte daher die
Rechenarbeit nicht scheuen, um sich ein genaues Bild der Molekel zu
machen.

Ein _Beispiel_ möge den Gang der Rechnungen verdeutlichen:

Gegeben sei ein dreiatomiges, gewinkeltes Molekül, z. B. HDO
Schritt 1, Aufstellung der Koordinaten.

Wir finden in Herzberg "Spectra of Polyatomic Molecules" die folgenden Daten: r_o = 0,956 für den Kernabstand in H_2O und $\emptyset$ = 105,2 ^{O} für den Bindungswinkel. Eine andere Quelle liefert r_o = 0,957$_2$ und $\emptyset$ = 104,5$_2$. Wir legen der Rechnung am HDO die angenäherten Werte r_{HDO} = 0,96 und $\emptyset$ = 105 ^{O} zugrunde.

Eine Skizze macht die ungefähre räumliche Lage deutlich, die x-Achse des Koordinatensystems wird in eine Kernverbindungsachse gelegt.

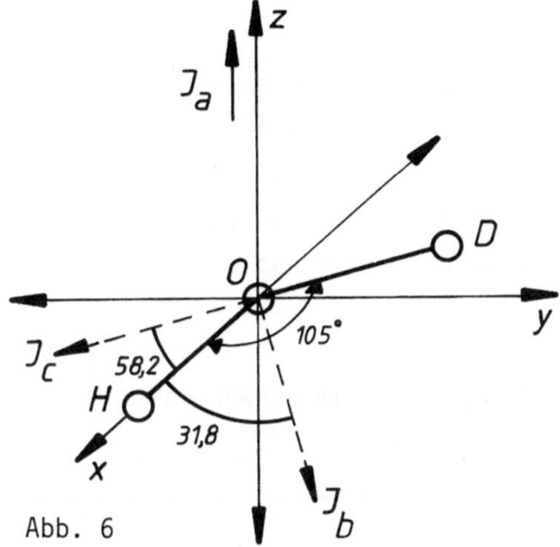

Abb. 6

Der Ursprung des Koordinatensystems möge (beliebig) in das Sauerstoffatom gelegt werden. Damit liegen bereits die Koordinaten für das O Atom und für den Wasserstoff fest:

Atom	x	y	z
O	0	0	0
H	0,96	0	0

Die Berechnung für das D-Atom und bei anderen Molekülen unter Umständen ganzer Gruppen von Atomen, kann man leicht mit Hilfe der in jedem Taschenrechner fest programmierten Polarkoordinaten-Umrechnung erledigen. Das H Atom hat die Polarkoordinaten r = 0,96 und $\emptyset$ = 0. Das D-Atom geht daraus durch Drehung um 105 ^{O} hervor.

Seine Polarkoordinaten lauten daher: r = 0,96 und $\emptyset$ = 105 ^{O}. Daraus liefert der Rechner x_D = - 0,2485 und y_D = 0,9273. z_D ist natürlich ebenfalls = 0.

Nun werden die Schwerpunktskoordinaten nach

$$x_{s_0} = \frac{\sum m_i x_i}{\sum m_i} = (1 \cdot 0,96 - 2 \cdot 0,2485) / 19,022 = 0,02456$$

$$y_{s_0} = \frac{\sum m_i y_i}{\sum m_i} = (0,9273 \cdot 2,014) / 19,022 = 0,0982$$

$$z_{s_0} = \frac{\sum m_i z_i}{\sum m_i} = \text{--------------------} = 0$$

berechnet. Diese Berechnung wird bequemerweise mit Molekulargewichts-
einheiten durchgeführt, man braucht dann den Faktor $1,66 \cdot 10^{-27}$ kg
nicht durch die Rechnung zu schleppen; er würde bei Auftreten einer
vierten Potenz die Rechenmaschine zum Überlaufen bringen. Das Gleiche
gilt für die Entfernung, hier wird die Zehnerpotenz aus dem gleichen
Grunde erst später berücksichtigt.

Damit ergeben sich die folgenden Atomkoordinaten im Schwerpunkts-System

Atom	x_s	y_s	z_s	m
0	- 0,0246	- 0,098	0,0	16,00
H	+ 0,935	- 0,098	0,0	1,008
D	- 0,273	+ 0,829	0,0	2,014

Mit diesen Koordinaten wird nun der sogenannte Trägheitstensor
(siehe ein beliebiges Lehrbuch der Mechanik)

$$\begin{pmatrix} J_x & - D_{xy} & - D_{xz} \\ - D_{xy} & J_y & - D_{yz} \\ - D_{xz} & - D_{yz} & J_z \end{pmatrix}$$

berechnet mit den Trägheitsmomenten um die willkürlichen Koordinaten-
achsen x, y, z:

$$I_x = m_i(y_i^2 + z_i^2); \quad I_y = m_i(x_i^2 + z_i^2); \quad I_z = m_i(x_i^2 + y_i^2)$$

$$I_x = 16,0 \, (0^2 + (-0,098)^2) + 1,008 \, (0^2 + (- 0,098)^2)$$

$$+ \, 2,014 \, (0^2 + 0,829^2) = 1,57448$$

usw.

und den sogenannten Deviationsmomenten

$$D(xy) = \sum_i m_i x_i y_i \qquad D_{yz} = \sum_i m_i y_i z_i \qquad D_{zx} = \sum_i m_i z_i x_i$$

In unserem Beispiel: (HDO) lautet dann der Trägheitstensor

$$\begin{pmatrix} 1,54745 & 0,50959 & 0 \\ 0,50959 & 1,04100 & 0 \\ 0 & 0 & 2,58845 \end{pmatrix}$$

Gesucht wird das Produkt der drei Haupt-Trägheitsmomente, also derjenigen Trägheitsmomente, die sich auf die freien Rotationsachsen beziehen, nicht auf unser ja in seinen Richtungen willkürlich angesetztes Schwerpunkts-Koordinatensystem. Dieses System müßte noch durch eine Transformation auf die Hauptachsen verändert werden. Man macht hier von dem Satz gebrauch, daß die Determinante eines Koeffizientenschemas eine Invariante gegenüber Koordinatentransformationen ist. Denken wir uns eine solche Transformation vorgenommen, geht das Schema in die Diagonalform über:

$$\det \begin{vmatrix} I_x & -D_{xy} & -D_{xz} \\ -D_{xy} & I_y & -D_{yz} \\ -D_{xz} & -D_{yz} & I_z \end{vmatrix} \equiv \det \begin{vmatrix} I_a & 0 & 0 \\ 0 & I_b & 0 \\ 0 & 0 & I_c \end{vmatrix} = I_a \cdot I_b \cdot I_c$$

Die Determinante der Diagonalform ist nichts weiter als das gesuchte Produkt der drei Hauptträgheitsmomente. Da die Determinante aber durch die Transformation ihren Wert nicht geändert haben kann, ist das Produkt der Momente schon bekannt, wenn man die Determinante des ursprünglichen Schemas berechnet, was bei drei Zeilen und Spalten keinerlei Schwierigkeit darstellt. So erhält man

$$\det \begin{vmatrix} & \\ & \end{vmatrix} = 1,54745 \,(1,041 \cdot 2,58845) - 0,50959 \,(0,50959 \cdot 2,58845)$$

$$= 3,49755$$

Diese Zahl bedeutet jetzt das Produkt der drei Hauptträgheitsmomente bis auf einen Faktor der das Molekulargewicht in amu und die Entfernung in Zentimetern angibt. Dieser Faktor beträgt

$$1,66 \cdot 10^{-24} \cdot 1 \cdot \left(10^{-8}\right)^2 = 1,66 \cdot 10^{-40} \;.$$

Der Grund, hier nicht die gesetzlichen Einheiten Meter und Kilogramm zu verwenden, liegt einfach darin, daß die Kapazität aller
Rechenmaschinen bei 10^{99} endet. Rechnet man im cgs-System, kann
man mit den Exponenten auf der Maschine bleiben, ein nicht unbe-
trächtlicher Vorteil. Wir erhalten somit für das Produkt der
Hauptträgheitsmomente in unserem Beispiel:

$$I_a I_b I_c = 3,5 \, (1,66 \cdot 10^{-40})^3$$

$$\ln I_a I_b I_c = -273,537$$

$$\sqrt{I_a I_b I_c} = 4,0 \cdot 10^{-60}$$

Unter der Verwendung von (2.2.19) erhalten wir schließlich für die
Zustandssumme bei 300 K:

$$Z_{rot} = 6,943 \cdot 10^{57} \cdot 5196 \cdot 4 \cdot 10^{-60} = 144,30$$

$$\ln Z_{rot} = 133,185 + \frac{3}{2} \ln 300 - \frac{1}{2} \cdot 273,537 = 4,9719$$

Mit dieser Modellrechnung haben wir den Ausgangswert für alle
thermodynamischen Daten in der Hand. Solange es sich um Substitution von Isotopen in einem bekannten Molekül handelt, dürfen
wir auch eine sehr hohe Genauigkeit annehmen.

Zur Vervollständigung unseres Molekülmodelles berechnen wir noch
die Lage der Trägheitsachsen: Dazu muß die Determinante des Trägheitstensors auf Diagonalform gebracht werden. Dazu berechnet man
die Eigenwerte ε der Determinante:

$$\begin{vmatrix} 1,5475 - \varepsilon & 0,50959 & 0 \\ 0,50959 & 1,041 - \varepsilon & 0 \\ 0 & 0 & 2,5885 - \varepsilon \end{vmatrix} = 0$$

Entwicklung der Determinante nach der ersten Zeile liefert das
"charakteristische Polynom" β :

$$\varepsilon^3 - 5,1769 \, \varepsilon^2 + 8,0512 \, \varepsilon - 3,4975 = 0$$

Für ein Polynom dritten Grades gibt es noch geschlossene Lösungen;
da die Matrix der Determinante symmetrisch ist und nur reelle Koeffizienten hat, müssen alle drei Eigenwerte reell sein. Will man

die geschlossenen, ziemlich umständlichen Formeln nicht benutzen,
kann man gute Werte leicht durch Wurzelverbesserung auf dem
Taschenrechner erhalten.

In unserem Falle lauten die Eigenwerte:

$$\varepsilon_1 = 2,5885 \qquad \varepsilon_2 = 1,863 \qquad \varepsilon_3 = 0,7252$$

Das Produkt der Eigenwerte muß gleich dem Wert der Determinante
sein, was sich zur Kontrolle der Rechnung gut eignet :

$$2,5885 \cdot 1,863 \cdot 0,7252 = 3,497$$

Da die letzte Zeile und die letzte Spalte der Eigenwertgleichung
außer dem Diagonalelement nur Nullen enthalten,kann man sofort
angeben, daß die z-Achse des früher gewählten Schwerpunkt-Koordi-
natensystems eine Hauptträgheitsachse mit dem Eigenwert 2,588 ist.
Damit bleiben nur noch zwei Achsen aus zwei linearen homogenen
Gleichungssystemen zu bestimmen:

Für den Eigenwert 1,863 ergibt sich:

$$- 0,3155 \, x + 0,50959 \, y = 0$$

$$\frac{y}{x} = 0,619 = \text{tg } \alpha \qquad \alpha = + 31,76^{\circ}.$$

Für den Eigenwert 0,7252 ergibt sich für die dritte Achse mit
dem kleinsten Trägheitsmoment:

$$0,82225 \, x + 0,50959 \, y = 0$$

$$\frac{y}{x} = - 1,614 = \text{tg } \alpha \qquad \alpha = - 58,2^{\circ}.$$

Damit erhalten wir unser Modell im System der Trägheitsachsen
durch eine einfache Drehung des Bezugssystems um 58,2 Grad gegen
den Uhrzeigersinn. Die so entstandene neue x-Achse ist dann Träger
des kleinsten Trägheitsmomentes von 0,7252 Einheiten, die neue
y-Achse (wegen $58,2 + 31,76 = 90^{\circ}$) besitzt ein Trägheitsmoment
von 1,863 Einheiten und die erhalten gebliebene z-Achse ein Moment
von 2,885 Einheiten. (Vergleiche Abb. 6)

Eine für statistische Überlegungen nützliche Veranschaulichung dieser
Ergebnisse: Weil in den Eigenwerten der Energie der Rotation das

Trägheitsmoment unter dem Bruchstrich steht, wird die Rotation um
die z-Achse, also um die zur Molekülebene senkrechte Achse die kleinsten Abstände im Rotationsspektrum ergeben und, bildlich gesprochen,
bei einer Abkühlung der Molekel zuletzt "einfrieren".

h) Die Symmetriezahl

Die Zustandssumme ist die Anzahl der unterscheidbaren Zustände einer
Molekel. Bei Molekeln mit mehreren gleichartigen Atomen kann es vorkommen, daß eine Drehung um weniger als 360 Grad die Molekel bereits
in eine von der Ausgangslage nicht unterscheidbare Lage bringt. So
ist zum Beispiel eine CH_3 Gruppe, wenn man sie um die zur Ebene der
Wasserstoffe senkrechte Achse dreht, bereits nach einer Drehung um
120 Grad von der Ausgangslage nicht mehr zu unterscheiden. Damit ist
aber nur mehr ein Drittel der in der Rotationszustandssumme bisher
erfaßten Zustände unterscheidbar. Die Zustandssumme muß daher vor
Berechnung thermodynamischer Potentiale noch korrigiert werden.
Man korrigiert durch Division mit der "Symmetriezahl", in unserem
Beispiel s = 3. Die Symmetriezahl s (häufig mit σ bezeichnet) gibt
an, wie oft im Laufe einer Volldrehung eine identische Konfiguration
des Moleküls erreicht wird. Kennt man die Symmetriegruppe der betrachteten Molekel, kann man die Symmetriezahlen aus der folgenden von
Herzberg übernommenen Tabelle entnehmen:

Gruppe	s	Gruppe	s	Gruppe	s
$C_1 C_i C_s$	1	D_2, D_{2d}, D_{2h}	4	$C_{\infty v}$	1
$C_2 C_{2v} C_{2h}$	2	D_3, D_{3d}, D_{3h}	6	$D_{\infty h}$	2
$C_3 C_{3v} C_{3h}$	3	D_4, D_{4d}, D_{4h}	8	T, T_d	12
$C_4 C_{4v} C_{4h}$	4	D_6, D_{6d}, D_{6h}	12	O_h	24
$C_6 C_{6v} C_{6h}$	6	S_6	3		

Kennt man die Symmetriegruppe nicht, wie es häufig bei Modell-
rechnungen der Fall ist, kann man die Symmetriezahl meist bequemer aus der an einem Modell gestützten Anschauung entnehmen,

als die für die weitere Rechnung nicht mehr benötigte Symmetriegruppe exakt zu bestimmen. Man muß dabei allerdings auf einen Umstand achten: Oft bestehen höherzählige Achsen nebeneinander. Dann
kann man die niederzähligen Drehungen durch die höherzähligen ausdrücken. Physikalisch gibt es aber keinen Unterschied zwischen einer
Drehung des Moleküls in einer einzigen Operation oder derselben
Deckungsoperation infolge mehrerer Drehungen. Man darf also nicht
alle denkbaren Drehoperationen zählen, sondern nur die Mindestzahl,
die alle übrigen Möglichkeiten noch darzustellen gestattet.

Ein Beispiel möge dies erläutern:

Methan, Symmetriegruppe T_d, hat 4 dreizählige Drehachsen, die je
mit einer C - H Verbindungslinie zusammenfallen. Außerdem bestehen
3 zweizählige Achsen vom Kohlenstoff zu den Mittelpunkten je einer
der Tetraederseiten. Jede von diesen zweizähligen Achsen bewirkte
Drehung läßt sich aber auch durch hintereinander ausgeführte Drehungen
um die dreizähligen Achsen bewirken, sie bringen also hinsichtlich
der Unterscheidung von Zuständen nichts Neues. Vier dreizählige Achsen
mal 3 Deckungsfälle während einer Volldrehung ergibt so die Symmetriezahl 12 für das Methan.

Vom formal berechneten Wert des ln in der Rotations-Zustandssumme des
Methans muß also ln 12 = 2,4849 abgezogen werden.

i) <u>Kernspin</u>

Hat ein Molekül mehrere identische Atomkerne, so kann noch eine Unterscheidung der Kerne aufgrund des Kernspins möglich sein.

Haben die Kerne einen nicht verschwindenden Spin, $I \neq 0$, erscheinen
im allgemeinen alle Rotationszustände in der Zustandssumme, aber mit
verschiedenen Entartungsgraden $(2I + 1)$. Die für den Kernspin zu
beachtenden Regeln erkennt man am besten an einem einfachen Beispiel.
Wasserstoff hat den Kernspin 1/2. In Molekülen wie H_2, C_2H_2, H_2O,
H_2CO sind nun jeweils zwei Modifikationen, entsprechend der Kern-
spineinstelung der beiden Wasserstoff-Atome möglich, eine ortho-
(parallel) und eine para- (entgegengesetzt gerichtete) Modifikation.

Für parallele Spins addiert sich der Kernspin zum Gesamtkernspin 1,
das statistische Gewicht der ortho-Modifikation ist $(2\,I_{ges} + 1) = 3$.

Für die para-Modifikation dagegen erhält man das Gewicht 1. Die Rotationszustandssumme wird daher durch die Berücksichtigung des Kernspins $(3 + 1)$ mal größer als formal berechnet. Bei den oben genannten Molekülen muß aber noch die Symmetriezahl 2 berücksichtigt werden, so daß die endgültige Zustandssumme der Rotation durch Anbringung eines Faktors 4/2 an die formal berechnete Summe erhalten wird.

Bei tiefen Temperaturen kann das Auftreten der Kernspin-Modifikationen erhebliche thermodynamische Effekte bedingen. Bei nicht zu tiefen Temperaturen und bei Molekülen, die keinen Wasserstoff oder Deuterium enthalten, sind die meßbaren Effekte sehr klein. Deshalb und weil die verschiedenen theoretisch möglichen Modifikationen nur schwer ineinander übergehen können, wird bei chemischen Rechnungen der Kernspin allerdings meist völlig vernachlässigt. Trotzdem sollte man sich klarmachen, daß der Kernspin-Entartungs-Faktor manchmal beachtlich große Werte annehmen kann. Zum Beispiel erhält man für $B^{11}Cl_3^{35}$ aus $I(B^{11}) = 5/2$; $I(Cl^{35}) = 3/2$ einen Spinfaktor von $(2 \cdot 5/2 + 1)$ mal $(2 \cdot 3/2 + 1)^3 = 384$ und als Korrektur am Logarithmus von Z_{rot} $\ln 384 = 5{,}95$.

Die Entscheidung, ob man bei der Rechnung den Kernspinfaktor mitnimmt oder nicht, sollte also im Einzelfall von der zahlenmäßigen Größe der Zustandssumme, von der Möglichkeit einer Umorientierung der Kernspins während der betrachteten Reaktion und von dem gewünschten Grad der Genauigkeit der Rechnung abhängig gemacht werden.

j) <u>Innere Rotation</u>

In größeren Molekülen kann es vorkommen, daß sich eine Gruppe von Atomen geschlossen um eine Bindung drehen kann. Eine solche Rotation innerhalb einer Molekel nennt man "Innere Rotation". Sie ist selten ganz frei, sondern meistens durch Wechselwirkungen mit Atomen der übrigen Molekel gehemmt, die rotierende Gruppe "stößt an".

Dieses Anstoßen hat für die thermodynamischen Daten eine sehr
merkwürdige Folge: Ist die Hemmung im Grenzfall so stark, daß die
Gruppe nicht mehr um 360 Grad drehen kann, führt sie Torsionsschwin-
gungen um die Verbindungsachse aus. Dieser Bewegungstyp ist eine
Schwingung und trägt daher nach dem klassischen Gleichverteilungssatz 2.1/2 R zur spezifischen Wärme bei. Ist, als anderer Grenzfall,
die Hemmung so klein, daß die Gruppe doch noch den ganzen Bereich
von 360 Grad durchlaufen kann, handelt es sich um eine Rotation,
die bekanntlich nur 1/2 R zur spezifischen Wärme beitragen kann.
Wie groß der Beitrag einer gehemmten inneren Rotation zu den thermodynamischen Daten ist, hängt also von der Höhe der Hemmung, also
von der "Härte des Anstoßes" ab. Abbildung 7 zeigt diesen Effekt
für zwei verschieden starke Hemmungen. Es ist leicht einzusehen,
daß bei tiefen Temperaturen d.h. geringer thermischer Energie der
Gruppe zunächst stets das Verhalten einer Schwingung auftritt. Erst
bei höherer Temperatur gelingt es der Gruppe immer häufiger, die
Hemmung zu überwinden und sich der freien Rotation anzunähern.

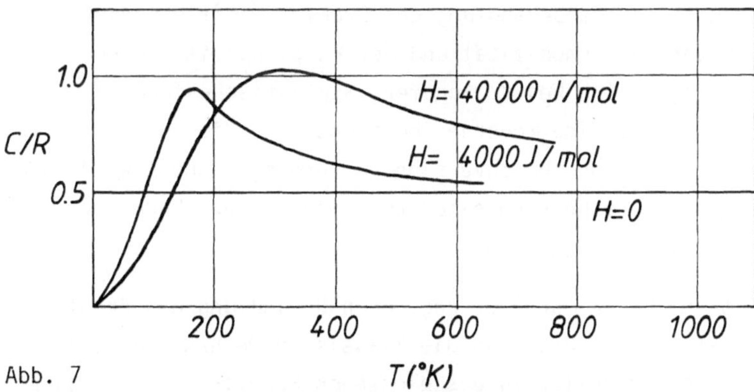

Abb. 7

Die mathematisch Behandlung einer solchen Bewegungsform ist notwen-
digerweise sehr kompliziert. Der einfachste Ansatz besteht darin, daß
man sich den Rest der Molekel als sehr groß und daher ruhend vorstellt
und nur die Rotation der Gruppe als einen symmetrischen Kreisel um
die feste Verbindungsachse behandelt. Die Hemmung wird dabei durch ein
über dem Drehwinkel periodisches Potential dargestellt. (Abb. 8)

Die wirklichen Verhältnisse sind wesentlich komplizierter als in
unserem einfachen Ansatz zum Ausdruck kommt: Häufig ist die rotierende Gruppe kein symmetrischer Kreisel. Dann wird das hemmende

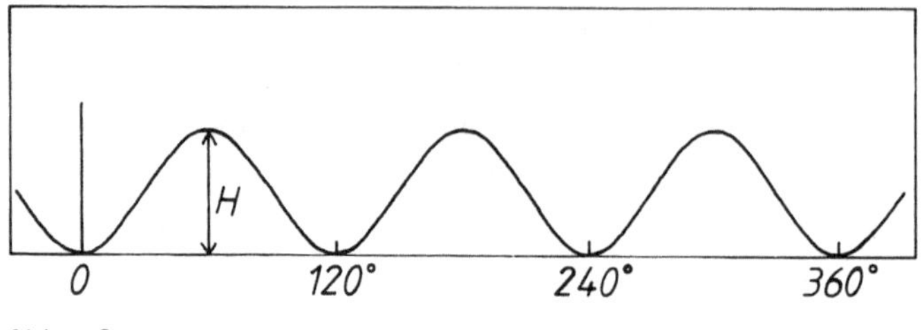

Abb. 8

Potential eine mehr oder weniger unregelmäßige Kurve, die man im
allgemeinsten Falle nur noch durch eine Fourier-Entwicklung analy-
tisch darstellen kann. Die Folge eines solchen allgemeineren Potentials ist bei tiefen Temperaturen, daß die Drehschwingung des
Moleküls sehr stark anharmonisch wird. Auch diese Anharmonizität
liefert einen, wenn auch kleinen Beitrag zu den thermodynamischen
Daten.

Detaillierte Berechnungen der thermodynamischen Funktionen der gehemmten inneren Rotation findet man bei K. S. Pitzer, J. Chem. Phys.
10, 428 (1942). Eine neuere Behandlung des Problems mit besonderer
Berücksichtigung der Anharmonizität und der Kopplung mit anderen
Freiheitsgraden findet sich bei K. Schäfer, Statistische Theorie
der Materie (loc. cit.). Eine moderne Übersicht über die inneren
Freiheitsgrade der Rotation und Inversion, allerdings ohne Anwendung
auf thermodynamische Berechnungen haben kürzlich Lister, McDonald
und Owen (siehe Literatur) gegeben.

Wir folgen jetzt der von K. Schäfer gegebenen Behandlung des Problems.
Diese ist durch starke Anlehnung an die klassische Mechanik gekennzeichnet, führt aber schneller zu geschlossenen Formeln und läßt sich
anschaulicher interpretieren. Setzen wir für die potentielle Energie
der Abb. 8 zunächst $E_{pot} = A + A \cos n \varphi$ an, wodurch das Minimum
der potentiellen Energie auf Null normiert wird, finden wir für die
zweite Ableitung nach φ an der Stelle des Minimums:

$$E'' (\varphi) \big/_{Min} = A \, n^2$$

Für die Frequenz der Drehschwingung (Index D) können wir dann anschreiben:

$$\nu_D = \frac{1}{2\pi} \sqrt{\frac{A \, n^2}{I_{red}}}$$

Hierin bedeutet I_{red} das reduzierte Trägheitsmoment, das wie folgt
definiert ist:

$$I_{red} = I_m \left[1 - I_m \left| \left(\frac{\cos^2\alpha}{I_a} + \frac{\cos^2\beta}{I_b} + \frac{\cos^2\gamma}{I_c} \right) \right| \right]$$

Die Einführung des reduzierten Momentes berücksichtigt den Umstand,
daß auch der Rest des Moleküls sich um die betrachtete Drehachse
bewegt. Es bedeuten I_m das Trägheitsmoment der betrachteten Gruppe
um die Drehachse, I_a, I_b, I_c die Hauptträgheitsmomente des gesamten
Moleküls,und die drei Winkel sind die Winkel zwischen diesen Haupt-
trägheitsmomenten und der Drehachse der Gruppe.

Im Falle eines symmetrischen, koaxialen Doppel-Rotors, wie er zum
Beispiel beim Äthan vorliegt, vereinfacht sich dieser Ausdruck zu:

$$\frac{1}{I_{red}} = \frac{1}{I_1} + \frac{1}{I_2}$$

Das Auftreten des Trägheitsmomentes legt jetzt nahe, eine charakteristische Temperatur der inneren Rotation Θ_{R_i} einzuführen.
Daneben kann man noch die Hemmung ebenfalls durch eine charakteristische Temperatur $\Theta_H = 2A/k$ und die Drehschwingung durch
$\Theta_D = \frac{h\nu_D}{k}$ beschreiben:

$$\Theta_D = \sqrt{\frac{2A\,n^2\,\hbar^2}{2\,I_{red}\,k^2}} = \sqrt{\frac{2A}{k}\,\Theta_{R_i}\,n^2} = \sqrt{\Theta_{R_i}\,n^2\,\Theta_H}$$

Mit dieser Darstellung haben wir jetzt die Drehschwingung, also
den Fall, daß die thermische Energie der Gruppe nicht ausreicht,
um bei gegebener Hemmung eine freie Drehung zu erreichen, erfaßt.
Das Potential, in dem diese Schwingung abläuft, ist als cos-Kurve
ein typisch nicht-harmonisches Potential. Bei Kenntnis der Ent-
wicklungsglieder der potentiellen Energie (s. u.) kann man den Anharmonizitätsgrad berechnen. Er läßt sich in unserem Fall wie folgt darstellen:

$$E_{pot} = \frac{1}{2}\,Dx^2 + \frac{k_3}{3!}\,x^3 + \frac{k_4}{4!}\,x^4 + \ldots\ldots$$

$$x_e = \frac{h}{192\,\pi^2\,I_{red}\,\nu} \left\{ 5\left(\frac{k_3}{D}\right)^2 - 3\frac{k_4}{D} \right\}$$

Führen wir noch die dimensionslose Größe

$$\rho = \frac{\Theta_H}{\Theta_{R_i}}$$

ein, kann man nach längerer Rechnung für den Anharmonizitätsgrad den sehr einfachen Ausdruck

$$x_e = \frac{1}{8}\sqrt{\frac{n^2}{\rho}}$$

erhalten.

Für hinreichend tiefe Temperaturen ist damit die Behandlung der Drehschwingung auf die Behandlung einer meist stark anharmonischen Schwingung zurückgeführt.(Siehe Tabellen für den anharmonischen Oszillator.)

Der entgegengesetzte Grenzfall der freien Rotation,also entweder hohe Temperatur oder sehr niedrige Potentialschwelle läßt sich wie die gewöhnliche Rotation behandeln, wenn man berücksichtigt, daß es sich jetzt um einen _einachsigen Rotator_ handelt.

Im übrigen muß natürlich wieder ein reduziertes Trägheitsmoment verwendet werden. Mit der bereits eingeführten charakteristischen Temperatur der inneren Rotation lautet die Zustandssumme:

$$Z_{rot_i} = \frac{\pi^{1/2}\, T^{1/2}}{n\, \Theta_{R_i}^{1/2}}$$

und ihr Logarithmus

$$\ln Z_{rot_i} = \frac{1}{2} \ln \left(\frac{\pi\, T}{n^2\, \Theta_{R_i}} \right)$$

Damit folgt für Entropie und freie Energie

$$S_{rot_i} = \frac{R}{2} \left[\ln \frac{\pi\, T}{n^2\, \Theta_{R_i}} + 1 \right]$$

$$F_{rot_i} = -\, RT \ln \frac{\pi\, T}{n^2\, \Theta_{R_i}}$$

Diese einfachen Grenzfälle lassen sich in Temperaturgebieten
anwenden, die durch die Höhe der Barriere, d. h. durch Θ_H
bestimmt werden.

Als Faustregel kann man ansetzen:

$$\frac{\Theta_H}{T} < 0,3: \qquad \text{freie innere Rotation}$$

$$\frac{\Theta_H}{T} > 15: \qquad \text{anharmonischer Oszillator}$$

Aus der Mikrowellenspektroskopie sind die Hemmungen der inneren
Rotation für eine große Anzahl von Molekülen bekannt. (Gegenüber den heute möglichen direkten spektroskopischen Bestimmungen
braucht man die älteren Methoden kaum noch zu erwähnen.) Ihr
Bereich erstreckt sich von etwa 5 bis zu 80 kJ/mol. Eine ungefähre
Schätzung für das Gebiet der Kohlenstoffverbindungen ergibt
brauchbare Werte, wenn man mit 15 kJ/mol für Rotationen um
Bindungen rechnet, die drei Substituenten an jedem Atom tragen,
mit 10 kJ/mol für solche, die nur zwei Substituenten an einem
Atom tragen und 5 kJ/mol, wenn nur ein Atom an der Drehachse
mit nur einem Substituenten versehen ist. Setzt man in obige
Betrachtung der Grenzwerte diese Zahlen ein und nimmt Temperaturen an, bei denen man noch mit vernünftigen Dampfdrucken
rechnen kann, sieht man unmittelbar, daß ein großer Teil aller
praktisch interessierenden Fälle nicht durch die einfachen Grenz-
formeln beschrieben wird.

Für den Bereich zwischen den Grenzfällen ist man wegen der
außerordentlichen Komplexität der mathematischen Behandlung
auf Tabellen angewiesen. Solche Tabellen gehen auf K. S.
Pitzer zurück und sind später von K. Schäfer auch auf anderem
Wege abgeleitet worden. Wesentlich ist bei der Berechnung solcher
Tabellen, daß sich die ganze Temperaturabhängigkeit mit zwei
Tabelleneingängen $\frac{4,182 \cdot n^2}{I_{red} H}$ und $\frac{\Theta_H}{T}$ (mit H in Joule) darstellen läßt. Freie Energie und Entropie sind als Unterschied
zu den entsprechenden Werten für die ungehemmte innere Rotation
angegeben.

Die auf K.S. Pitzer zurückgehenden Tabellen 6 - 9 wurden
aus dem zitierten Werk von K. Schäfer entnommen und auf
Joule umgerechnet.

Tabelle 6. Unterschied der relativen Freien Energie zwischen freier und gehemmter Rotation

$$- (F_{rot_{frei}} - F_{rot_{gehemmt}}) / T \text{ in J/grad Mol}$$

$\dfrac{\Theta_H}{T}$ \ $\dfrac{4.182 \cdot 10^{-36} \cdot n^2}{I_{red} \cdot H}$	0	1	2	4	8	16	32	64	128	256	512
0,0	0,00	0,00	0,00	0,00	0,00	0,00	0,00	0,00	0,00	0,00	0,00
0,5	1,97	1,67	1,59	1,51	1,34	1,21	0,96	0,67	0,33	0,13	0,04
1,0	3,64	3,22	3,05	,284	2,55	2,22	1,76	1,17	0,50	0,13	0,00
2,0	6,36	5,65	5,35	4,93	4,35	3,60	2,63	1,46	0,46	- 0,08	
3,0	8,28	7,23	6,82	6,23	5,39	4,31	2,93	1,34	0,17		
4,0	9,74	8,32	7,74	6,98	5,98	4,60	2,93	1,09	- 0,25		
5,0	10,87	9,12	8,36	7,44	6,27	4,64	2,72	0,67			
6,0	11,75	9,62	8,78	7,74	6,36	4,52	2,43	0,21			
7,0	12,46	9,99	9,03	7,86	6,31	4,31	2,05	- 0,21			
8,0	13,09	10,25	9,20	7,90	6,19	4,01	1,63	- 0,63			
9,0	13,63	10,46	9,28	7,90	6,06	3,68	1,25				
10,0	14,14	10,58	9,37	7,86	5,85	3,43	0,88				
12,0	14,93	10,75	9,33	7,65	5,48	2,89	0,21				
14,0	15,56	10,83	9,24	7,36	5,02	2,38	- 0,38				
16,0	16,14	10,83	9,12	7,03	4,52	1,80	- 0,92				
x_e	0	0,0112	0,0158	0,0223	0,0316	0,0446	0,0632	0,0895	0,01265	0,1790	0,2530

Tabelle 7. Unterschied der Entropie eines Freiheitsgrades der inneren Rotation S_{roti}(frei) - S_{roti}(gehemmt)
in J/grad Mol

$\dfrac{\Theta_H}{T}$ $\Bigg\backslash$ $\dfrac{4{,}182\cdot10^{-36}\cdot n^2}{I_{red}\cdot H}$	0	1	2	4	8	16	32	64	128	256	512
0,0	0,00	0,00	0,00	0,00	0,00	0,00	0,00	0,00	0,00	0,00	0,00
0,5	0,13	0,13	0,13	0,13	0,13	0,13	0,13	0,13	0,13	0,08	0,08
1,0	0,50	0,50	0,50	0,50	0,50	0,46	0,46	0,42	0,38	0,25	0,13
2,0	1,76	1,71	1,71	1,71	1,67	1,59	1,51	1,21	0,88	0,42	
3,0	3,30	3,22	3,18	3,14	3,09	2,84	2,59	1,97	1,25		
4,0	4,73	4,64	4,60	4,52	4,39	4,06	3,51	2,55	1,30		
5,0	5,94	5,81	5,73	5,65	5,39	4,93	4,10	2,80			
6,0	6,94	6,77	6,69	6,57	6,23	5,60	4,52	2,84			
7,0	7,82	7,61	7,49	7,28	6,82	6,02	4,68	2,72			
8,0	8,53	8,28	8,15	7,86	7,28	6,27	4,68	2,51			
9,0	9,16	8,82	8,66	8,28	7,57	6,44	4,60				
10,0	9,70	9,24	9,03	8,61	7,78	6,48	4,43				
12,0	10,58	9,91	9,70	9,07	7,99	6,40	4,01				
14,0	11,25	10,50	10,12	9,33	7,99	6,11	3,55				
16,0	11,84	11,00	10,46	9,49	7,90	5,69	3,07				
x_e	0	0,0112	0,0158	0,0223	0,0316	0,0446	0,0632	0,0895	0,1265	0,1790	0,2530

Tabelle 8. Relative Innere Energie $\frac{U_{roti}}{T}$ (gehemmt) für einen Freiheitsgrad einer gehemmten inneren Rotation in J/grad Mol

$\frac{\Theta_H}{T}$ $\diagdown$ $\frac{4{,}182 \cdot 10^{-36} \cdot n^2}{I_{red} \cdot H}$	0	1	2	4	8	16	32	64	128	256	512
0,0	4,14	4,14	4,14	4,14	4,14	4,14	4,14	4,14	4,14	4,14	4,14
0,5	5,98	5,69	5,60	5,52	5,35	5,23	4,98	4,68	4,35	4,22	4,14
1,0	7,28	6,86	6,69	6,48	6,19	5,90	5,44	4,89	4,27	4,06	4,01
2,0	8,74	8,07	7,78	7,36	6,82	6,15	5,27	4,39	3,72	3,64	
3,0	9,12	8,15	7,78	7,23	6,44	5,60	4,47	3,51	3,05		
4,0	9,16	7,82	7,28	6,61	5,73	4,68	3,55	2,68	2,59		
5,0	9,07	7,44	6,77	5,94	5,02	3,81	2,76	2,01			
6,0	8,95	6,98	6,23	5,31	4,27	3,05	2,05	1,51			
7,0	8,78	6,52	5,69	4,73	3,64	2,43	1,51	1,21			
8,0	8,70	6,11	5,19	4,18	3,05	1,88	1,09	1,00			
9,0	8,61	5,77	4,77	3,76	2,63	1,38	0,79				
10,0	8,57	5,48	4,47	3,39	2,22	1,09	0,59				
12,0	8,49	4,98	3,76	2,72	1,63	0,63	0,33				
14,0	8,45	4,47	3,26	2,17	1,17	0,42	0,21				
16,0	8,45	3,97	2,80	1,67	0,75	0,25	0,17				
x_e	0	0,0112	0,0158	0,0223	0,0316	0,0446	0,0632	0,0895	0,1265	0,1790	0,253

Tabelle 9. Molwärme für einen Freiheitsgrad der gehemmten inneren Rotation C_{roti} (gehemmt) in J/grad Mol

$\dfrac{\Theta_H}{T}$ \ $\dfrac{4,182\cdot10^{-36}\cdot n^2}{I_{red}\cdot H}$	0	1	2	4	8	16	32	64	128	256	512
0,0	4,14	4,14	4,14	4,14	4,14	4,14	4,14	4,14	4,14	4,14	4,14
0,5	4,43	4,43	4,43	4,43	4,43	4,43	4,43	4,39	4,35	4,31	4,18
1,0	5,10	5,10	5,06	5,06	5,06	5,02	4,98	4,89	4,73	4,47	4,18
2,0	7,07	7,07	7,07	6,98	6,90	6,73	6,44	5,90	5,10	4,22	
3,0	8,78	8,70	8,66	8,57	8,41	7,99	7,23	6,15	4,68		
4,0	9,58	9,49	9,41	9,24	8,91	8,28	7,23	5,65	3,97		
5,0	9,74	9,62	9,49	9,33	8,87	7,90	6,52	4,81			
6,0	9,70	9,45	9,28	9,03	8,41	7,11	5,48	3,85			
7,0	9,49	9,16	8,87	8,57	7,74	6,36	4,56	2,84			
8,0	9,28	8,82	8,53	8,03	7,03	5,60	3,81	2,17			
9,0	9,12	8,57	8,11	7,53	6,40	4,98	3,01				
10,0	8,99	8,32	7,78	7,03	5,81	4,31	2,59				
12,0	8,82	7,90	7,23	6,06	4,81	3,22	1,38				
14,0	8,70	7,57	6,73	5,19	3,89	2,30	0,79				
16,0	8,61	7,32	6,31	4,43	3,05	1,42	0,44				
x_e	0	0,0112	0,0158	0,0223	0,0316	0,0446	0,0632	0,0895	0,1265	0,1790	0,2530

3. Schwingungen

a) Zweiatomige Molekel

In mehratomigen Molekeln können die Kerne Schwingungen um eine durch die Bindung gegebene Ruhelage ausführen. Wegen der Separierbarkeit der Schrödinger-Gleichung in der Born-Oppenheimer-Näherung kann man als Modell der Materie für diesen Bewegungstyp die Schrödinger-Gleichung eines Oszillators verwenden.

$$\frac{\partial^2 \psi(x)}{\partial x^2} + \frac{2\,\mu}{\hbar^2} \left(E + V(x)\right)\, \psi(x) = 0$$

$$\mu = \frac{m_1\, m_2}{m_1 + m_2} \tag{2.3.1}$$

Die Eigenschaften der Bindung sind hier durch den Ausdruck für die potentielle Energie darzustellen. Das einfachste denkbare Modell erhält man, wenn man für die potentielle Energie eine quadratische Abhängigkeit von der Auslenkung aus der Ruhelage (x_0) in einer einzigen Richtung (x) annimmt:

$$V(x) = -\frac{1}{2}\, k\, x^2 \tag{2.3.2}$$

Dieses Potential entspricht der Energie, die der Oszillator aufnimmt, wenn die Rückstellkraft proportional der Auslenkung ist (sogen. Hooksches Kraftgesetz). Ein Oszillator mit diesem Potential wird "Harmonischer Oszillator" genannt. Obwohl dieses Modell von der Wirklichkeit ziemlich weit entfernt ist (siehe Abbildung 9), kann der harmonische Oszillator wegen der leichten mathematischen Behandlung in der überwältigenden Mehrheit aller Fälle mit Vorteil verwendet werden.

Die Abbildung gibt einen ungefähren Eindruck vom Verhältnis des "harmonischen Potentials" (gestrichelte Parabel) zum wirklichen Potential (ausgezogene Linie). Diese starke Abweichung wirkt sich jedoch nur wenig auf statistische Berechnungen aus, da die Energieabstände aufeinanderfolgender Schwingungszustände für die meisten vorkommenden Temperaturen groß gegen kT sind und daher nach der Boltzmann-Verteilung fast nur der Grundzustand, also der unterste

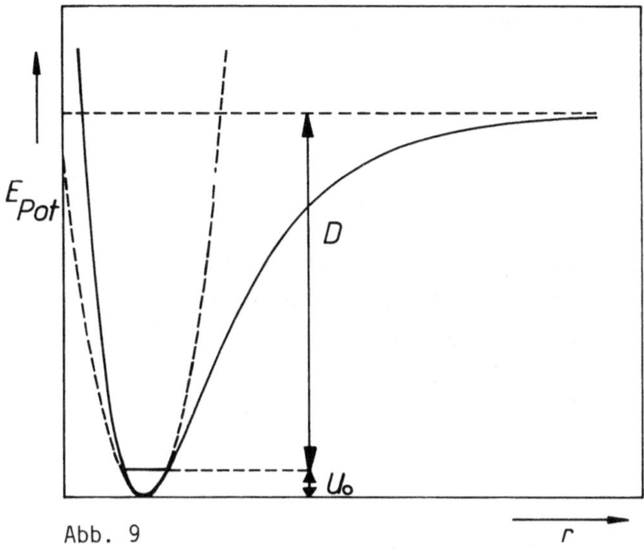

Abb. 9

Schwingungsterm, besetzt ist. Dieser stimmt aber beim harmonischen
Oszillator mit der Energie des Grundzustandes der Schwingung im
realen Molekül gut überein. Für höhere Schwingungsanregung und besonders bei der Ermittlung der Eigenwerte aus spektroskopischen
Messungen müssen aber die Abweichungen des realen Moleküls vom harmonischen Oszillator berücksichtigt werden. Hierauf wird später genauer eingegangen werden.

Die Eigenwerte des harmonischen Oszillators nach (2.3.1) und (2.3.2)
lauten:

$$E_n = \hbar \sqrt{\frac{k}{\mu}} \left(n + \frac{1}{2} \right) = h \, \nu \left(n + \frac{1}{2} \right)$$

$$n = 0,1,2,3,\ldots \qquad\qquad\qquad (2.3.3)$$

Hierin bedeuten k die Kraftkonstante, μ die reduzierte Masse $m_1 m_2/$
$m_1 + m_2$, und n eine von Null an laufende ganze Zahl, die Quantenzahl
der Schwingung. Die analytische Gestalt der Eigenfunktionen (Hermi-
tesche Polynome) wird in der Statistik nicht benötigt.

Da die Unterscheidbarkeit einer Anzahl von Oszillatoren N in einem
System durch die Quantenzahlen der anderen Freiheitsgrade gesichert
ist, kann man hier die klassische Boltzmann-Statistik zur weiteren

Rechnung heranziehen. Dabei erhält man unmittelbar aus (1.10.12)
die Zustandssumme des Oszillators:

$$Z = \sum_0^\infty e^{-\frac{h\nu\left(n+\frac{1}{2}\right)}{kT}} \tag{2.3.4}$$

Die unendliche Reihe auf der rechten Seite läßt sich einfach auf-
summieren: Man zieht den Term exp (-hν/2kT) vor die Summe und hat
dann unter dem Summenzeichen eine geometrische Reihe

$$1 + x + x^2 + x^3 + x^4 \ldots x^n \ldots = 1/(1-x)$$

mit $x = e^{-\frac{h\nu}{kT}}$

(Im Bedarfsfall überzeuge man sich durch ausdividieren). Damit erhält
man für die Zustandssumme des harmonischen Oszillators

$$Z = e^{-\frac{h\nu}{2kT}} \cdot \sum_n^\infty e^{-\frac{h\nu n}{kT}} = e^{-\frac{h\nu}{2kT}} \cdot \frac{1}{1 - e^{-\frac{h\nu}{kT}}} \tag{2.3.5}$$

und für den Logarithmus

$$\ln Z = -\frac{h\nu}{2kT} - \ln\left(1 - e^{-\frac{h\nu}{kT}}\right) \tag{2.3.6}$$

Es ist zweckmäßig und üblich, den Exponenten hν/kT in Form einer
"charakteristischen Temperatur" Θ_{vib} anzuschreiben und anstelle
der Frequenz ν die Wellenzahl der Schwingung, $\tilde{\nu}$, zu verwenden.
Die Wellenzahl geht bekanntlich aus der Frequenz durch Division
mit der Lichtgeschwindigkeit hervor. Daher lautet die charakteristische Temperatur der Schwingung

$$\Theta_{vib} = \frac{h\,c\,\tilde{\nu}}{k} = 1{,}43822 \cdot \tilde{\nu} \qquad [\text{grad}] \tag{2.3.7}$$

Damit wird aus (2.3.6)

$$\ln Z_{vib} = -\frac{\Theta_{vib}}{2T} - \ln\left(1 - e^{-\frac{\Theta_{vib}}{T}}\right) \tag{2.3.8}$$

Nach (1.10.8) erhält man für die Energie der Schwingung

$$E_{vib} = N\,k\,T^2\,\frac{\partial \ln Z_{vib}}{\partial T}$$

$$= N\,k\,\Theta_{vib}\left[\frac{1}{2} + \frac{1}{e^{\Theta_{vib}/T} - 1}\right] ;$$

$$\underbrace{\frac{N\,k\,\Theta_{vib}}{2}} \equiv \frac{R}{2}\,\Theta_{vib} \tag{2.3.9}$$

stellt die sogenannte "Nullpunkts-Energie" dar. Dieser Term ist nicht temperaturabhängig, wie man aus der Gleichung ersieht. Dies bedeutet, daß der Oszillator auch am absoluten Nullpunkt der Temperatur noch einen endlichen Energieinhalt besitzt. Dies ist ein typischer quantenmechanischer Effekt, der aus dem Faktor 1/2 in der Beziehung für die Energieeigenwerte (2.3.3) herrührt. Diese Nullpunktsenergie trägt nicht zu thermodynamischen Größen bei, die durch Differentiation nach der Temperatur erhalten werden, wie zum Beispiel die spezifische Wärme, c_v, die also unbeschadet der Nullpunktsenergie am absoluten Nullpunkt verschwinden kann.

Denkt man sich die Innere Energie U aus Anteilen zusammengesetzt, die den einzelnen Freiheitsgraden des Moleküls zugeordnet sein sollen, können wir die Energie E_{vib} mit dem Schwingungsanteil der Inneren Energie identifizieren:

$$E_{vib} = U_{vib}$$

Wenn man will, kann man U_{vib} noch in einen temperaturabhängigen Anteil

$$U_{vib}(T) = R\,\Theta_{vib}\cdot\frac{1}{e^{\frac{\Theta_{vib}}{T}} - 1} \; , \quad U_{vib_0} = \frac{R\,\Theta_{vib}}{2} \tag{2.3.10}$$

und in die Nullpunktsenergie aufspalten.

Für den Schwingungsanteil der Entropie erhält man aus (1.10.6) durch Einsetzen der mittleren Energie pro Teilchen $\bar{\varepsilon}_{vib} = E_{vib}/N$ aus (2.3.8) und (2.3.9):

$$S_{vib} = R\left(\ln Z_{vib} + \frac{\bar{\varepsilon}_{vib}}{kT}\right)$$

$$= R\left[-\ln\left(1 - e^{-\frac{\Theta_{vib}}{T}}\right) + \frac{\Theta_{vib}}{T}\,\frac{1}{e^{\Theta_{vib}/T} - 1}\right] \tag{2.3.11}$$

Hierbei ist ein Term, $\Theta_{vib}/2T$, der von der Zustandssumme (2.3.8)
herkam, gegen die Nullpunktsenergie aus (2.3.9) weggefallen. Damit
ist gezeigt, daß die Schwingungsanteile der Inneren Energie und der
Entropie, und damit aller anderen evtl. benötigten thermodynamischen
Zustandsfunktionen aus der Frequenz bzw. der Wellenzahl der Molekülschwingung hergeleitet werden können:

Funktionen des harmonischen Oszillators:

$$\ln Z_{vib} = - \frac{\Theta_{vib}}{T} - \ln\left(1 - e^{-\Theta_{vib}/T}\right)$$

$$F_{vib} = - RT \ln Z_{vib} = \frac{R\,\Theta_{vib}}{2} + RT \ln\left(1 - e^{-\frac{\Theta_{vib}}{T}}\right)$$

$$S_{vib} = R \left[- \ln\left(1 - e^{-\frac{\Theta_{vib}}{T}}\right) + \frac{\Theta_{vib}}{T}\,\frac{1}{e^{\Theta_{vib}/T} - 1}\right]$$

$$U_{vib} = H_{vib} = R\,\Theta_{vib}\left[\frac{1}{2} + \frac{1}{e^{\frac{\Theta_{vib}}{T}} - 1}\right]$$

$$C_{vib} = R\left(\frac{\Theta_{vib}}{T}\right)^2 \frac{e^{\Theta_{vib}/T}}{\left(e^{\frac{\Theta_{vib}}{T}} - 1\right)^2}$$

$$P_{vib} = - \left.\frac{\partial F_{vib}}{\partial v}\right/_T = 0 \qquad\qquad (2.3.12)$$

Das folgende Zahlenbeispiel soll die Größenordnungen der Schwingungsbeiträge zu den thermodynamischen Funktionen zeigen:

Cl_2 besitzt eine Normalschwingung von 564,9 cm^{-1}. Daraus ergibt sich
mit (2.3.7) eine charakteristische Temperatur der Schwingung $\Theta_{vib} = $
812,5.

Für 700 K folgt daraus $\Theta_{vib}/T = 1,1607$

$\qquad$ exp. $(- \Theta/T) = 0,3133$

$\qquad$ $\ln(1 - \exp(- \Theta/T)) = - 0,3758$

$\qquad$ $\ln Z_{vib} = - \dfrac{812,5}{2\cdot 700} + 0,3785 = - 0,20455$

Die folgenden Ausdrücke sind nach(2.3.12) berechnet:

$$F_{vib} = - 8,3144 \cdot 700 \cdot (-0,20455) = 1190,522 \text{ J/mol}$$

Mit $\exp.(\Theta_{vib}/T) = 3,1922$ folgt dann für die Innere Energie:

$$U_{vib} = 6459,29 = U_0 + U(T) \quad (\text{J/mol}) \quad , \quad U_0 = 3377,73$$

$$S_{vib} = 8,3144 \left(0,3758 + \frac{812,5}{700} \cdot 0,45615\right) = 7,5267 \text{ J/grad mol}$$

$$c_{vib} = 8,3144 \cdot 1,1607^2 \cdot 3,1922^2 / 2,1922^2$$

$$= 7,44 \text{ J/grad mol}$$

Die folgenden Tabellen 10-13 geben die Entropie, die freie Energie
und die spezifische Wärme eines Schwingungs-Freiheitsgrades
nach dem harmonischen Oszillator als Funktion von Θ/T an. Sie
sind besonders dann von Nutzen, wenn man abschätzen will, ob sich
die Berücksichtigung der Schwingungsbeiträge in einem speziellen
Fall überhaupt lohnt. Es ist nämlich bei tiefen Temperaturen häufig
der Fall, daß man die Beiträge von Schwingungen mit hohen Frequenzen ohne weiteres vernachlässigen kann.

Tabelle 10. - R ln Z = F_{vib}/T, relative Freie Energie für einen einzelnen Schwingungsfreiheitsgrad, harmonischer Oszillator in Joule/ grad Mol .

Θ/T	0,0	0,1	0,2	0,3	0,4	0,5	0,6	0,7	0,8	0,9
0,00		- 19,141	- 13,368	- 9,979	- 7,563	- 5,677	- 4,123	- 2,797	- 1,6348	- 0,5973
1,00	0,3436	1,2075	2,009	2,7588	3,4658	4,1366	4,7765	5,3900	5,9807	6,5517
2,00	7,1054	7,6440	8,1694	8,6832	9,1866	9,6809	10,167	10,646	11,119	11,585
3,00	12,047	12,504	12,957	13,406	13,852	14,295	14,736	15,173	15,609	16,043
4,00	16,475	16,906	17,335	17,762	18,189	18,615	19,039	19,463	19,886	20,308
5,00	20,730	21,151	21,571	21,992	22,411	22,831	23,250	23,668	24,087	24,505
6,00	24,923	25,340	25,758	26,175	26,592	27,009	27,426	27,843	28,260	28,676
7,00	29,093	29,509	29, 26	30,342	30,758	31,174	31,591	32,007	32,423	32,839
8,00	33,255	33,671	34,087	34,503	34,919	35,335	35,750	36,166	36,582	36,998
9,00	37,414	37,830	38,245	38,661	39,077	39,493	39,909	40,324	40,740	41,156

Einige Interpolationspunkte:

Θ/T	0,001	0,00	0,05	0,15	0,25
F_{vib}/T	- 57,434	- 38,289	- 24,907	- 15,766	- 11,505

Tabelle 11. Entropien eines Schwingungsfreiheitsgrades, harmonischer Oszillator [J/grad Mol]·

Θ/T	0,0	0,1	0,2	0,3	0,4	0,5	0,6	0,7	0,8	0,9
0,00	–	27,462	21,710	18,356	15,988	14,164	12,685	11,448	10,388	9,4655
1,00	8,6524	7,9289	7,2801	6,6948	6,1642	5,6813	5,2403	4,8365	4,4660	4,1254
2,00	3,8117	3,5226	3,2557	3,0093	2,7815	2,5709	2,3761	2,1958	2,0290	1,8745
3,00	1,7315	1,5992	1,4766	1,3632	1,2582	1,1611	1,0712	0,9880	0,9111	0,8399
4,00	0,7742	0,7134	0,6573	0,6054	0,5574	0,5132	0,4723	0,4346	0,4000	0,3678
5,00	0,3382	0,3109	0,2858	0,2627	0,2413	0,2217	0,2036	0,1870	0,1717	0,1576
6,00	0,1446	0,1327	0,1217	0,1117	0,1024	0,0939	0,0861	0,0789	0,0723	0,0663
7,00	0,0607	0,0556	0,0509	0,0466	0,0427	0,0391	0,0358	0,0328	0,0300	0,0274
8,00	0,0251	0,0229	0,0210	0,0192	0,0176	0,0161	0,0147	0,0134	0,0123	0,0112
9,00	0,0103	0,0094	0,0086	0,0078	0,0072	0,0065	0,0060	0,0055	0,0050	0,0045
10,00	0,0042	0,0038	0,0035	0,0032	0,0029	0,0026	0,0024	0,0022	0,0020	0,0018

+ 10 % Schätzfehler in Θ/T geben $\simeq$ 8 % in S

Tabelle 12. Relative Innere Energie eines harmonischen Oszillators

$$\frac{U(T)-U_0}{T}$$ in J/mol grad

$\frac{\Theta_{vib}}{T}$	0	0,1	0,2	0,3	0,4	0,5	0,6	0,7	0,8	0,9
0,1	-	7,9056	7,5107	7,1295	6,7621	6,4083	6,6080	5,7411	5,4274	5,1267
1,0	4,8388	4,5634	4,3003	4,0493	3,8100	3,5821	3,3653	3,1593	2,9638	2,7783
2,0	2,6027	2,4365	2,2793	2,1309	1,9908	1,8588	1,7344	1,6174	1,5073	1,4040
3,0	1,3069	1,2159	1,1306	1,0507	0,976	0,9061	0,8408	0,7799	0,7230	0,6699
4,0	0,6205	0,5745	0,5316	0,4918	0,4547	0,4203	0,3883	0,3587	0,3312	0,3057
5,0	0,2820	0,2601	0,2398	0,2211	0,2037	0,1877	0,1728	0,1591	0,1464	0,1348
6,0	0,1240	0,1140	0,1048	0,0964	0,0886	0,0814	0,0746	0,0687	0,0630	0,0579
7,0	0,0531	0,0487	0,0447	0,0410	0,0375	0,0345	0,0316	0,0290	0,0266	0,0244
.8,0	0,0223	0,0204	0,0187	0,0172	0,0157	0,0144	0,0132	0,0121	0,0110	0,0101
9,0	0,0092	0,0084	0,0077	0,0071	0,0065	0,0059	0,0054	0,0049	0,0045	0,0041
10,0	0,0038	0,0034	0,0032	0,0029	0,0026	0,0024	0,0022	0,0020	0,0018	0,0017

Tabelle 13. Spezifische Wärme eines Schwingungsfreiheitsgrades, harmonischer Oszillator in Joule/grad Mole

Θ/T	0,00	0,1	0,2	0,3	0,4	0,5	0,6	0,7	0,8	0,9
0,00		8,307	8,287	8,252	8,204	8,143	8,069	7,983	7,885	7,775
1,00	7,655	7,524	7,385	7,236	7,080	6,916	6,747	6,571	6,391	6,207
2,00	6,020	5,831	5,639	5,447	5,255	5,063	4,871	4,682	4,494	4,309
3,00	4,126	3,947	3,772	3,600	3,433	3,270	3,112	2,959	2,810	2,667
4,00	2,528	2,395	2,267	2,144	2,026	1,913	1,805	1,701	1,603	1,509
5,00	1,420	1,335	1,254	1,178	1,105	1,036	0,971	0,910	0,852	0,797
6,00	0,746	0,697	0,651	0,608	0,568	0,530	0,494	0,461	0,429	0,400
7,00	0,372	0,346	0,322	0,300	0,279	0,259	0,241	0,223	0,207	0,193
8,00	0,1790	0,166	0,154	0,142	0,132	0,122	0,113	0,105	0,097	0,090
9,00	0,083	0,077	0,071	0,066	0,061	0,056	0,052	0,048	0,044	0,041

Einige Interpolationspunkte:

Θ/T	0,01	0,05	0,075	0,15
	8,3143	8,313	8,311	8,299

$$\lim \frac{\Theta}{T} \to 0 \;=\; 8,3144$$

b) <u>Daten und Abschätzungen zum harmonischen Oszillator</u>

Zweiatomige Molekel besitzen nur einen einzigen Schwingungsfreiheitsgrad, sie führen nur Schwingungen längs der Kernverbindungsachse aus. Die Frequenzen bzw. die Wellenzahlen der Schwingung
sind aus Bandenspektren, aus Infrarot- und Ramanspektren zugänglich. Die umfangreichste Quelle von spektroskopischen Daten sind
die drei Bände Herzberg. Eine Auswahl von Streckschwingungen zeigt
die Tabelle 14. Sie enthält die beobachteten Wellenzahlen, die charakteristische Temperatur der Schwingung, und in der letzten Spalte
das Ausmaß der Anregung der Schwingung bei Zimmertemperatur (300 K),
bezogen auf den klassischen Wert der vollen Anregung von RT. Weiter
enthält die Tabelle x_e, den "Anharmonizitätsgrad", auf den wir bei
der Verfeinerung des harmonischen Modells zurückkommen werden.

Emmission oder Adsorption von Strahlung erfolgt beim harmonischen
Oszillator durch einen Sprung der Quantenzahl n um eine Einheit,
aus (2.3.3) folgt damit für die Wellenzahl der Emmission oder Ab-
sorption:

$$h\nu = \Delta E_{n,n+1} = \hbar \sqrt{\frac{k}{\mu}} \left[\left(n + 1 + \frac{1}{2}\right) - \left(n + \frac{1}{2}\right) \right] = \hbar \sqrt{\frac{k}{\mu}}$$

$$\tilde{\nu} = \frac{1}{2\pi c} \sqrt{\frac{k}{\mu}} \tag{2.3.13}$$

Hierin bedeuten wieder k die Kraftkonstante, μ die reduzierte
Masse $(m_1 m_2 / m_1 + m_2)$, c die Lichtgeschwindigkeit und $\tilde{\nu}$ die Wellenzahl in cm^{-1}. Setzt man in (2.3.13) die Lichtgeschwindigkeit in
cm/sec und die Kernmassen in Gramm ein, erhält man die Kraftkonstanten in dyn/cm. Eine Umrechnung in die gesetzlichen Einheiten
durch Einführung von Meter und Kilogramm hätte hier nur Sinn, wenn
man auch konsequenterweise die Wellenzahlen auf das Meter beziehen
würde.

Beim gegenwärtigen Stand der Nachschlagewerke ziehen wir es aber
vor, die Kraftkonstanten weiterhin in dyn pro cm anzugeben und
überlassen es dem Leser, diese bei Bedarf in Newton umzurechnen.
Findet man irgendwo die Wellenzahl einer Schwingung, so ist mit
(2.3.7) die charakteristische Temperatur auszurechnen und man erhält aus den Tabellen 10-13 Entropie, Freie Energie, Innere Energie
und spezifische Wärme c_{vib} dieser Schwingung.

Sehr häufig wird man aber die Wellenzahl eines gesuchten Oszillators nicht fertig der Literatur entnehmen können. In diesen Fällen ist die Kraftkonstante oder auch nur das dieser zugrunde liegende Konzept von großem Nutzen.

Vergleichen wir nämlich zwei Oszillatoren vom gleichen Bindungstyp, sollte man erwarten, daß die Kraftkonstante bei beiden gleich oder jedenfalls sehr ähnlich sein sollte, da diese ja von der Bindungsart bestimmt wird. Die Wellenzahlen der beiden Oszillatoren sollten sich danach nur durch die Wurzeln aus den reduzierten Massen unterscheiden (vgl. (2.3.13)).

$$\frac{\tilde{\nu}_1}{\tilde{\nu}_2} = \sqrt{\frac{\mu_2}{\mu_1}} \qquad (2.3.14)$$

Braucht man die reduzierten Massen einmal explizit, erhält man sie durch

$$(M_1 M_2 / M_1 + M_1 M_2) \cdot 1{,}6597 \cdot 10^{-24} \qquad [\text{gramm}]$$

wenn man für M die Atomgewichte einsetzt. Die Beziehung (2.3.14) sollte für isotope Molekeln mit besonderer Genauigkeit erfüllt sein. Dies kann man anhand der Tabelle 14 leicht nachprüfen.

Betrachten wir die Wasserstoffisotope:

Die reduzierten Massen für H_2^1 sind 0,5 für HD 0,6666.. und für D_2 1,000. Mit den Wellenzahlen aus Tabelle 14 und (2.3.14) erhält man, ausgehend von der Wellenzahl für H_2

$$\tilde{\nu}_{HD} = 4395{,}2 \ (0{,}5/0{,}666..)^{1/2} = 3806{,}4 \ cm^{-1}$$

$$\text{experimentell:} \quad \tilde{\nu}_{HD} = 3817{,}09 \ cm^{-1}$$

ebenso

$$\tilde{\nu}_{D_2} = 4395{,}2 \ (0{,}5/1{,}00)^{1/2} = 3107{,}9 \ cm^{-1}$$

$$\text{experimentell:} \quad \tilde{\nu}_{D_2} = 3118{,}5 \ cm^{-1}$$

104

Tabelle 14. Wellenzahlen für die Schwingung zweiatomiger Molekel im
elektronischen Grundzustand

Molekül	$\tilde{\nu}$ (cm^{-1})	$\theta_{vib}(K)$	$\tilde{\nu} \cdot x_e$	$\dfrac{U_{vib}(300)}{RT}$ %
H_2^1	4395,1	6321,26	117,99	–
H^1H^2	3817,09	5489,82	94,958	–
H_2^2	3118,5	4485,1	64,09	–
H^1H^3	3608,3	5189,53	87,58	–
H_2^3	2553,8	3672,93	43,872	0,006
H^1F^{19}	4138,5	5952,07	90,07	–
H^2F^{19}	2998,25	4312,14	45,17	0,001
H^1Cl^{35}	2989,7	4299,85	52,0	0,001
HBr	2649,7	3810,85	45,2	0,004
H^1J^{127}	2309,5	3321,57	39,7	0,02
N_2^{14}	2359,6	3393,62	14,46	0,01
$(N_2^{14})^+$	2207,19	3174,42	16,14	0,03
$N^{14}H$	3300	4746,13	–	–
$N^{14}O^{16}$	1904,03	2738,41	13,97	0,1
O_2^{16}	1580,36	2272,91	12,07	0,39
$(O_2^{16})^+$	1876,4	2698,68	16,53	0,11
$O^{12}H^1$	3725,21	5372,05	82,81	–
$C^{12}O^{16}$	2170,2	3121,23	13,5	0,032
$(C^{12}O^{16})$	2214,24	3184,56	15,2	0,026
Cl_2^{35}	564,9	812,45	4,0	19,34
$Cl^{35}F^{19}$	793,2	1140,8	9,9	8,7
Cl O	780	1121,81	–	9,10
C N	2068,7	2975,25	13,1	0,05
F_2^{19}	892	1282,89	–	6,0
Na_2	159,2	228,96	0,73	66,6
K_2	92,64	133,24	0,35	79,4
Cs_2	42,0	60,41	–	90,27

oder z.B. ausgehend von D_2 für das Molekül mit einem Tritiumatom und einem Wasserstoff:

$$\tilde{\nu}_{H^1H^3} = 3118,5 \ (1,000/0,75)^{1/2} = 3600,93 \ cm^{-1}$$

$$\text{experimentell:} \ \tilde{\nu}_{H^1H^3} = 3608,3 \ cm^{-1}$$

Die wechselseitige Berechenbarkeit dieser Wellenzahlen wird noch verbessert, wenn man die in Tabelle 14 angegebenen Korrekturen für die Anharmonizität x_e anwendet, worauf wir später zurückkommen wollen. Wichtiger ist zunächst die Betrachtung des Fehlers, der für die thermodynamischen Daten resultiert, wenn man wie in unserem Beispiel mit dem harmonischen Modell rechnet.

Für die charakteristischen Temperaturen ergibt sich aus den harmonisch genäherten Schwingungszahlen für 1000 K folgende Vergleichstabelle für Θ/T:

Θ_{vib}/T	D_2	HD	HT
exp.	4,49	5,49	5,19
harmon.	4,47	5,47	5,18
$\delta \dfrac{\Theta_{vib}}{T}$	- 0,02	- 0,02	- 0,01
δF	- 0,085	- 0,0084	- 0,0042

Diese Feststellung ist in mehrfacher Hinsicht von Bedeutung: Zum einen zeigt sie, daß die in der Statistik verwendeten Modelle eine sehr gute Beschreibung der Natur ermöglichen und in sich konsistent sind. Man kann ihren Ergebnissen also ein hohes Maß an Vertrauen entgegenbringen, wenngleich auch die Präzision der Vorhersagen nicht immer dieses extreme Maß anzunehmen braucht. Zum anderen lohnt es sich, sich einmal zu verdeutlichen, welches Ausmaß an Kosten und Mühe die experimentelle Bestimmung der Freien Energie von reinem HD oder reinem HT machen würde, und diesen Aufwand mit den wenigen Zeilen zu vergleichen, die es im vorstehenden ermöglicht haben, aus einem einzigen Wert, nämlich der Wellenzahl des Wasserstoffs, alle anderen Daten der Isotope herzuleiten.

Die bisherigen Überlegungen zur Tabelle 14 bezogen sich auf den Fall,
daß sich die Natur der chemischen Bindung von Molekül zu Molekül
nicht änderte. Anders liegen die Verhältnisse, wenn sich die Art
der Bindung bei sonst ähnlichen Molekülen ändert, wie es zum Beispiel bei der Reihe der Halogen-Wasserstoffe der Fall ist.

Die Wurzelbeziehung (2.3.14) beschreibt auch hier die Wellenzahlen
und damit die thermodynamischen Funktionen richtig, wenn in einem
Molekül das eine Atom durch sein Isotop ersetzt wird. So erhält
man für das Deuterium-Fluorid die Wellenzahl 3000,1 cm^{-1} gegenüber dem
experimentellen Wert von 2998,25 cm^{-1} und für das Deuteriumchlorid
2144,26 cm^{-1} gegenüber dem experimentellen Wert 2090,8 cm^{-1}.

Die starke Änderung der Wellenzahlen, wenn man vom Fluorid zum
Jodid geht, wird durch die Wurzelbeziehung (2.3.14) nicht be-
schrieben. Man erkennt dies sofort, wenn man die reduzierten
Massen der Moleküle betrachtet:

Molekül	μ	ν	$\tilde{\nu}_{ber}$(2.3.14)	k(dyn/cm$\cdot 10^3$)
H^1F^{19}	0,95735	4138,5		965,5
H^2F^{19}	1,82161	2998,25	3000,2	964,2
H^1Br	0,99558	2649,7	-	411,6
H^1Cl^{35}	0,9799	2989,7		515,7
H^2Cl^{35}	1,9050	2090,78	2144,3	490,3
H^1J^{127}	1,0002	2309,5	-	314,1

$$k = 5{,}8883 \cdot 10^{-2} \cdot \mu \cdot (\tilde{\nu})^2, \text{ vergleiche (2.3.13)}$$

Alle aus diesen Werten der Wasserstoff-Verbindungen untereinander
gebildeten Wurzelquotienten in (2.3.14) unterscheiden sich nur
wenig von 1, die Wellenzahlen dagegen um einen Faktor 2.

Dies bedeutet nichts anderes als die altbekannte Tatsache, daß sich
die Natur der chemischen Bindung ändert, wenn wir bei den Haloge-

niden im periodischen System der Elemente vom Fluor zum Jod fortschreiten. Wir wollen diesen Tatbestand anhand der Tabellen mit
rein statistischen Mitteln beschreiben.

Die reduzierten Massen der Wasserstoff-Halogenide liegen bei 1, die
der Deuterium-Halogenide bei 2. Dies bedeutet anschaulich, daß das
schwere Halogen praktisch in Ruhe verbleibt, und nur das leichte
Wasserstoff- bzw. Deuterium-Atom Schwingungen gegen das schwere
Halogen-Atom ausführt. Da näherungsweise immer der gleiche Körper
bei allen Molekülen der Tabelle die Schwingungen ausführt, muß man
zunächst die Kraftkonstanten aus der Tabelle 15 nach (2.3.14) berechnen.
Man sieht, daß sich die Kraftkonstanten vom Fluor zum Jod rund um
einen Faktor 3 ändern. Eine solche Änderung kann man nun mit den Mitteln der gewöhnlichen Statistik genauer charakterisieren: Man prüft
z. B. mit der Korrelationsrechnung , ob ein linearer Zusammenhang
mit irgendwelchen Kenngrößen der Halogenatome besteht. Dabei ist
der Korrelationskoeffizient bzw. das Bestimmtheitsmaß die Größe, die
die Hypothese einer realen Abhängigkeit beurteilt. Der Korrelationskoeffizient läuft von - 1 bis + 1, sein Quadrat, das Bestimmtheitsmaß von 0 bis 1. Bei letzterem bedeutet 1,0 völlige Bestimmtheit,
je nach Anspruch an die Verlässlichkeit der Aussage wird man 0,95
oder 0,9 noch als sichere Aussage über eine lineare gegenseitige
Abhängigkeit der eingegebenen Größen werten. Kleinere Werte des
Bestimmtheitsmaßes sollten Anlaß zu vorsichtiger Bewertung sein,
unter 0,7 sollte man die gegenseitige Abhängigkeit bezweifeln, bzw.
verneinen. Mit den Werten der folgenden Tabelle (Auszug aus Tabelle
14) erhält man die in der nächsten Tabelle dargestellten Regressions-
daten. (siehe Sachs, Literatur)

Molekül	(I) k	(II) $\tilde{\nu}$ (exp)	(III) E_{Diss}	(IV) N	(V) Zeile
H^1F^{19}	965,6	4138,5	6,40	9	2
H^1Cl^{35}	515,8	2989,7	4,430	17	3
H^1Br	411,6	2649,7	3,754	35	4
H^1J^{127}	314,2	2309,5	3,056	53	5

In dieser Tabelle können sowohl die Spalte I als auch die Spalte II
auf Korrelation mit den Spalten III (Dissoziationsenergie in eV),
IV (Ordnungszahl im Periodischen System) oder V (Zeilen-Nr. im
Periodischen System) untersucht werden. In der folgenden Tabelle
sind diese Kombinationen für eine Darstellung angegeben, bei der
jeweils eine durch die römische Ziffer gekennzeichnete Spalte als
Abszisse x und eine andere Spalte als Ordinate y aufgetragen gedacht ist. Berechnet wird der Schnittpunkt der Ausgleichsgeraden
mit der y-Achse (y_0), die Steigung (tg α), der Korrelationskoeffizient γ und das Bestimmtheitsmaß B.[*]

Kombination	Y_0	tg α	γ	B
X(I); Y(III)	1,666	0,005	0,994	0,988
X(II); Y(III)	- 1,067	0,0018	0,9991	0,998
X(I); Y(IV)	60,43	- 0,058	- 0,849	0,721
X(II); Y(IV)	94,36	- 0,218	- 0,883	0,780
X(I); Y(V)	5,784	- 0,0041	- 0,923	0,852
X(II); Y(V)	8,149	- 0,0015	- 0,947	0,897

Die Angaben dieser Tabelle sind wie folgt zu interpretieren:

1. Die Kraftkonstante ("Steifheit" der Bindung) und die Wellenzahl der Schwingung (Energie und Nullpunktsenergie, thermodynamische Daten) sind eine lineare Funktion der Dissoziationsenergie (siehe die Zeilen 1 und 2).

2. Die Korrelation von Kraftkonstante und Wellenzahl mit der Ordnungszahl der Halogene ist möglicherweise vorhanden, aber nicht sehr gut,
   weiteres experimentelles Material müßte zur Beurteilung herangezogen werden. Es fällt auf, daß die die Schwingungsenergie repräsentierende Wellenzahl besser mit der Ordnungszahl korreliert als
   die Kraftkonstante.

---

[*] Die Rechenverfahren sind auf vielen Taschenrechnern fertig pro-
grammiert, brauchen daher hier nicht angegeben zu werden.

3. Die bekannte Tatsache, daß die Eigenschaften von Verbindungen
   innerhalb der Spalten des Periodischen Systems systematisch
   variieren, kommt in den beiden letzten Zeilen der Tabelle zum
   Ausdruck. Die Bestimmtheit der Abhängigkeit von Wellenzahl und
   Kraftkonstante von der Zeilenzahl im periodischen System ist deutlich ausgeprägt, wobei wiederum die die thermodynamischen Eigenschaften repräsentierende Wellenzahl besser korreliert ist als
   die Kraftkonstante.

Der Nutzen solcher Korrelationsbetrachtungen liegt darin, daß thermo-
chemische Daten von Verbindungen abgeschätzt werden können, von denen
keine experimentellen Werte bekannt sind, wenn nur analoge Verbindungen genug bekannt sind, um eine Korrelationsuntersuchung vornehmen
zu können.

c) <u>Schwingungen mehratomiger Moleküle, der Begriff "Normalschwingung"</u>

Denken wir uns ein größeres Molekül in Form eines stereochemischen
Modelles gegeben, lehrt der erste Augenschein, daß eine sehr große
Zahl von Schwingungen in diesem Molekülgerüst denkbar ist. Jede
dieser vielen Schwingungen trägt, je nach Frequenz und Temperatur,
zu den thermodynamischen Daten der Substanz bei, muß also in geeigneter Form in der statistischen Rechnung berücksichtigt werden.
Dabei ist es gleichgültig, ob und welche dieser Schwingungen im In-
frarot- oder Ramanspektrum zugänglich ist. Die Aufgabe der statistischen Behandlung besteht zunächst in der Bestimmung der Anzahl der
möglichen Schwingungen, sodann in der Zuordnung von Wellenzahlen
zu den einzelnen Schwingungen und schließlich in der Berechnung der
Zustandssummen, der thermodynamischen Funktionen und deren Summierung
über alle Schwingungen. Hierbei ist die Zuordnung von Wellenzahlen
zu den vorkommenden Schwingungen der schwierigste Teil der Aufgabe,
und man kann von vornherein erwarten, daß hier in einer Vielzahl
der praktisch interessierenden Fälle mehr oder weniger geschickte
Abschätzungen die Rolle exakter Zahlen werden vertreten müssen.

Andererseits kann man eine Vielzahl nicht zu großer Moleküle (5, 6
oder in günstigen Fällen wenig mehr Atome) in bestimmten Symmetrie-
fällen mathematisch vollständig behandeln. Die Prinzipien dieser

vollständigen Behandlung und deren gute Übereinstimmung mit der
Wirklichkeit sind die Quellen des Vertrauens in die häufig etwas
brutal erscheinenden Schätzmethoden, von denen man in der täglichen
Praxis leben muß.

Um die Bewegungen der Kerne in einem vielatomigen Molekül zu beschreiben, denke man sich in der Ruhelage jedes Kernes als Ursprung
ein kartesisches Koordinatensystem errichtet. Man hat dann für jedes
Atom drei Koordinaten, bei N Atomen also 3N Koordinaten zur Verfügung.
Selbstverständlich könnte man das Molekül auch in einem einzigen kartesischen System beschreiben, man braucht aber in diesem Falle
3 zusätzliche Koordinationsangaben je Atom, um die Verrückung eines
Atoms aus seiner Ruhelage zu beschreiben, also 6N Angaben (x,y,z der
Ruhelage und x',y',z' der Endlage). Bei der Formulierung in atomeigen-
nen Koordinaten entfällt die Angabe der Ruhelage und die Anzahl der
für die Beschreibung notwendigen Daten reduziert sich auf 3N. Eine
weitere Reduktion der Anzahl der benötigten Koordinaten ist nur
möglich, wenn man einen "festen Rahmen" von nichtschwingenden Atomen
in dem Molekül annehmen kann, was aber bereits eine Vernachlässigung
bedeutet und in den Bereich der Schätzverfahren gehört. Von den 3N
Angaben, die die Verrückung der Atome aus der Ruhelage beschreiben,
können solche wegfallen oder getrennt betrachtet werden, die zu
einer allen Kernen gemeinsamen Bewegung gehören. Es sind dies 3
Angaben für eine gemeinsame Translation des Moleküls sowie 2 oder 3
Angaben für die Rotation des Moleküls um 2 oder 3 Achsen.

Für die Beschreibung der Schwingungen des Moleküls stehen damit
3N - 6 bzw. 3N - 5 nicht mehr reduzierbare Angaben von Koordinaten
zur Verfügung. Diese nicht mehr zu vereinfachenden Angaben nennt
man "Freiheitsgrade" und sagt: "Das Molekül hat 3N - 6 oder =
3N - 5 Schwingungsfreiheitsgrade".

Zur Aufstellung der Bewegungsgleichungen, gleich ob in der klassisch-
mechanischen Theorie oder in der Quantenmechanik, benötigt man zunächst die Ausdrücke für die kinetische und die potentielle Energie
aller Teilchen des Systems. Auf die kinetische Energie brauchen wir
hier nicht besonders einzugehen, aber die Behandlung der potentiellen
Energie ist für die Begriffsbildung wesentlich:

Beim eindimensionalen harmonischen Oszillator (2.3.2) war die potentielle Energie proportional dem Quadrat der Auslenkung aus der Ruhelage der einzigen vorhandenen Koordinate. Die Proportionalitätskonstante beschrieb die Anziehungskraft, die den Massenpunkt an seine Ruhelage bindet. Beim vielatomigen Molekül müssen nun die Kräfte zwischen dem gerade betrachteten Atom und allen anderen im Molekülverband berücksichtigt werden. Dabei gehen sowohl die Koordinaten des betrachteten Atoms als auch die Verrückung der anderen Atome ein, mit denen die Wechselwirkung aufsummiert wird. Man erhält damit eine quadratische Form für die potentielle Energie:

$$E_{pot} = \sum_{i,k}^{3N} a_{ik}\, x_i\, x_k \tag{2.3.15}$$

in der die a_{ik} die Kraftkonstanten sind, die die Rückstellkraft beschreiben, die auf das Atom k ausgeübt wird, wenn Atom i seinen Platz verläßt oder umgekehrt. Die a_{ik} bilden eine Matrix, die mit Sicherheit symmetrisch ist ($a_{ik} = a_{ki}$), weil es für die potentielle Energie schließlich gleichgültig ist, ob der Abstand zwischen zwei Atomen sich dadurch ändert, daß das eine oder das andere Atom seinen Platz verläßt.

Die quadratische Form (2.3.15) ist nun für weitere Rechnungen zu unhandlich, insbesondere ließe sich die Schrödinger-Gleichung nicht ohne eine weitere Umformung von (2.3.15) separieren. Man führt daher neue Koordinaten ein, in denen (2.3.15) eine einfachere Gestalt annimmt. Die einfachste, denkbare Form ist eine Diagonalmatrix, also eine Matrix, bei der alle Elemente verschwinden, die außerhalb der Hauptdiagonale stehen. Eine solche Koordinatentransformation heißt Hauptachsentransformation. Das Ergebnis ist eine Diagonalmatrix mit Koeffizienten c_{ii} in der Diagonale und Nullen an allen anderen Plätzen.

Zu diesen neuen Koeffizienten gehören neue Koordinaten, q_i, die aus den alten Koordinaten x_i durch eine Linearkombination $x_k = \sum_i b_{ik} q_i$ hervorgehen. Damit schreibt sich nun die potentielle Energie unseres Moleküls

$$E_{pot} = \sum_{i=1}^{3N} c_i\, q_i^2 \tag{2.3.16}$$

Diese neuen Koordinaten q_i, durch die die potentielle Energie auf
Diagonalform gebracht wird, heißen "Normalkoordinaten". Beziehen
wir die Translation und die Rotation in die neue Darstellung der
potentiellen Energie mit ein, so gibt es 3N Normalkoordinaten, beschränken wir uns bei der potentiellen Energie allein auf die
Schwingungen, so gibt es 3N-6 Normalkoordinaten bei dreiachsigen
und 3N-5 Normalkoordinaten bei zweiachsigen Molekülen. In (2.3.15)
wird die potentielle Energie durch eine Summe von Quadraten der Normalkoordinaten dargestellt, daher sagt man auch: "Die Zahl der
Freiheitsgrade eines Systems ist gleich der Zahl der quadratischen
Terme in der potentiellen Energie".

Mit dieser Darstellung der potentiellen Energie erhalten wir nun
für die Schrödinger-Gleichung des harmonischen Oszillators aus
Gl. (2.3.1):

$$\Delta\psi + \frac{2\,\Sigma\,\mu}{\hbar^2}\left(E - \sum_{i=1}^{3N-6} c_i\,q_i^2\right)\psi = 0 \qquad (2.3.17)$$

was sich durch einen Produktansatz

$$\psi = \phi(q_1)\,\phi(q_2)\,\phi(q_3)\cdots\phi(q_{3N-6}) \qquad (2.3.18)$$

in 3N (bzw. 3N-6 oder 3N-5) einzelne Differentialgleichungen auflösen läßt. Jede dieser neuen Gleichungen entspricht einem eindimensionalen harmonischen Oszillator. Jeder dieser Oszillatoren
schwingt unabhängig von den anderen und zwar (wegen der eindimensionalen Form der separierten Gleichungen) ausschließlich
in Richtung der jeweiligen Normalkoordinaten q_i.

Eine solche Schwingung längs einer der Normalkoordinaten heißt
"Normalschwingung".

Ein Molekül hat soviele Normalschwingungen wie Schwingungsfreiheitsgrade oder quadratische Terme im Ausdruck für die potentielle Energie.
Es ist durchaus möglich, daß mehrere Normalschwingungen die gleiche
Frequenz bzw. die gleiche Wellenzahl haben, man spricht dann von
"entarteten Schwingungen".

Die Gesamtenergie E (Eigenwert) in Gl. (2.3.17) zerfällt bei der
Separation in die Summe der Energien, die zu den Eigenwerten der
separaten Gleichungen gehören:

$$E_{ges} = E(q_1) + E(q_2)\ldots\ldots E(q_{3N-6}) \tag{2.3.19}$$

(die Energie der separaten Schwingungen wurden hier durch die Angabe
der Normalkoordinate indiziert). Für den harmonischen Fall lauten
die Eigenwerte

$$E(q_1) = h\nu_1(n_1 + \tfrac{1}{2}) \quad , \quad E(q_2) = h\nu_2(n_2 + \tfrac{1}{2}) \ldots\ldots \text{u.s.w.}$$

Zu besseren Anschauung sei hier noch ein mechanisches Beispiel zum
Begriff "Normalschwingung" aus Herzberg entnommen:

Man denke sich eine Masse m an einem rechteckigen elastischen Stab
aufgehängt (Abb. 10). Lenkt man die Masse geringfügig in der

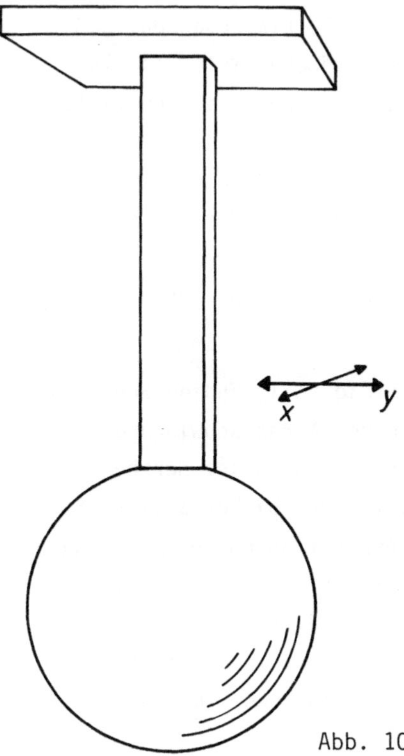

Abb. 10

114

x-Richtung aus ihrer Ruhelage aus, wird sie, sich selbst überlassen,
gewöhnliche harmonische Schwingungen in dieser Richtung mit der Frequenz

$$\nu_x = \frac{1}{2\pi} \sqrt{\frac{k_x}{m}}$$

ausführen, wobei k_x die Kraftkonstante in x-Richtung bedeutet. Genau
das Gleiche gilt für eine Auslenkung in y-Richtung, eine harmonische
Schwingung in dieser Richtung mit der Frequenz

$$\nu_y = \frac{1}{2\pi} \sqrt{\frac{k_y}{m}}$$

wird zu beobachten sein. Aus den beiden einfachen Bewegungsgleichungen

$$x = x_0 \cos 2\pi\nu_x t \qquad \text{und} \qquad y = y_0 \cos 2\pi\nu_2 t$$

entstehen bei einer beliebigen Anregung, die sowohl eine x als
auch eine y-Komponente hat, durch Überlagerung komplizierte Lissajous-Figuren, wie sie jedes Lehrbuch der Physik vorführt. Umgekehrt
kann man natürlich die komplizierten Lissajous-Figuren in die beiden
einfachen harmonischen Gleichungen, eben in die "Normalschwingungen"
auflösen. Es ist wichtig, sich an dieser Stelle klarzumachen, daß
die wirklichen Schwingungsbewegungen eines größeren Moleküls als
beliebig komplizierte Lissajous-Figuren aus der Überlagerung vieler
Oszillatoren vorgestellt werden müssen, daß sich diese aber eben
stets in einen Satz von 3N-6 bzw. 3N-5 Normalschwingungen auflösen
lassen. Da diese Normalschwingungen alle Eigenwerte der wellen-
mechanischen Bewegungsgleichung enthalten, ist die Berechnung der
thermodynamischen Effekte beendet, wenn die Berechnung für alle
Normalschwingungen durchgeführt ist.

Für eine größere Anzahl von Molekülen ist die vollständige Schwingungsanalyse durchgeführt und die Wellenzahlen der Normalschwingungen sind
bekannt. Die umfangreichste Quelle für solche Daten ist Herzberg I
bis III. Ebenso finden sich dort die meisten der bisher analysierten
Moleküle aufgelistet und die verschiedenen Verfahren der Schwingungsanalyse beschrieben. Für die Zwecke der statistischen Thermodynamik
wird eine Schwingungsanalyse von solchen Molekülen, die in der
Literatur nicht gefunden werden können, wohl kaum in Betracht kommen.
Der mathematische Aufwand ist in aller Regel zu hoch, ebenso der
Bedarf an guten spektroskopischen Daten.

d) <u>Berechnung thermodynamischer Funktionen von Molekülen,deren
Normalschwingungen bekannt sind.</u>

Da sich die Schwingungseigenwerte nach Gl. (2.3.19) als die Summe
von Eigenwerten isolierter harmonischer Oszillatoren darstellen
lassen, kann man zunächst die gesuchten Funktionen für jeden Oszillator, d. h. für jede Normalschwingung einzeln berechnen und
dann die thermodynamischen Funktionen aufaddieren, soweit diese
additiv sind. Wechselwirkungen mit anderen Freiheitsgraden werden
auf dieser Stufe der Untersuchung nicht berücksichtigt, da sie bereits
durch die Wahl des harmonischen Modells ausgeschlossen wurden. Daher
sind die fundamentalen Funktionen sicher additiv:

$$F\ (\text{Molekül})_{vib} = F(\tilde{\nu}_1) + F(\tilde{\nu}_2) + F(\tilde{\nu}_3) + \ldots \ldots$$

Ebenso natürlich für U_{vib} und S_{vib}

$$F_{vib} = \frac{1}{2} R \sum_i \Theta_i + RT \sum_i \ln\left(1 - e^{-\Theta_i/T}\right)$$

$$S_{vib} = R \sum_i \left\{ \frac{\Theta_i}{T} \frac{1}{e^{\Theta_i/T} - 1} - \ln\left(1 - e^{-\Theta_i/T}\right) \right\}$$

$$U_{vib} = \frac{1}{2} R \sum_i \Theta_i + RT \sum_i \frac{\Theta_i}{T} \frac{1}{e^{\Theta_i/T} - 1}$$

$$C_{vib} = R \sum_i \left(\frac{\Theta_i}{T}\right)^2 \frac{e^{\Theta_i/T}}{\left(e^{\Theta_i/T} - 1\right)^2}$$

$$G_{vib} = F_{vib} \quad , \quad H_{vib} = U_{vib} \qquad C_{p_{vib}} = C_{v,vib} \qquad (2.3.20)$$

Die Summationen sind in diesen Gleichungen über alle Normalschwingungen
zu erstrecken. Im übrigen ist die Herkunft der Gleichungen aus den
Gleichungen (2.3.12) unmittelbar zu erkennen.

Betrachten wir zunächst einige dreiatomige Moleküle: Die in der
folgenden Tabelle aufgeführten Moleküle gehören zur Raumgruppe C_{2v}.
Sie haben 3N-6 = 3 Normalschwingungen, die in Abbildung 16 so dargestellt sind, wie sie sich aus der vollständigen Analyse ergeben. In
den ersten 3 Zeilen sind die Wellenzahlen für die drei in Abbildung

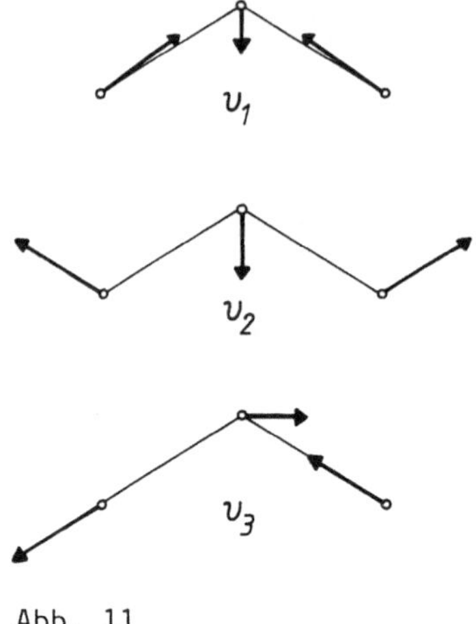

Abb. 11

11 dargestellten Normalschwingungen aufgeführt. Aus diesen Wellenzahlen erhält man zunächst die charakteristischen Temperaturen nach
(2.3.7) und kann dann nach (2.3.10), Zeile 3, den temperaturabhängigen Anteil der Schwingungswärme erhalten, indem man nur den
rechten Term berechnet. Die Summe der so erhaltenen Werte über die
drei Normalschwingungen ist für eine Temperatur von 1000 K in der
4 Zeile eingetragen. Nach dem klassischen Gleichverteilungssatz
trägt jeder Freiheitsgrad 1/2 RT zur Inneren Energie bei, Schwingungsfreiheitsgrade das Doppelte (wegen kinetischer und poten-
tieller Energie). Die volle Schwingungsanregung des Moleküls
müßte also

$$3 \text{ RT} = 3 \cdot 8,3144 \cdot 1000 = 24943,2 \text{ J/mol}$$

betragen. In Zeile 5 stehen die Prozente der vollen Anregung, die
laut Zeile 4 bei 1000 K erreicht werden. In den Zeilen 6 bis 8
ist dieser Prozentsatz auf die einzelnen Beiträge der Normalschwingung
aufgeschlüsselt.

Aus der Tabelle lassen sich folgende allgemeine Regeln ablesen:

1. Je schwerer die an einer Schwingung beteiligten Atome sind, umso kleiner ist ihre Wellenzahl und umso größer ist ihr Beitrag
   zur thermischen Energie bei einer gegebenen Temperatur.

2. Wasserstoffatome liefern nur sehr geringe Beiträge zur Schwingungsenergie. Dies wird noch deutlicher, wenn man die thermische Ener-

Tabelle 15. Normalschwingungen und Schwingungsenergie einiger dreiatomiger Moleküle

	H_2O	D_2O	H_2S	D_2S	SO_2	NO_2	O_3	$Cl^{35}O_2$	
ν_1	3651,7	2666	2610,8	1891,6	1151	1320	1110	945,5	cm^{-1}
ν_2	1595	1178,7	1290	934	524,5	750	705	447,4	cm^{-1}
ν_3	3755,8	2789	2684	1999	1336	1617	1042	1110,5	cm^{-1}
$U_{vib}(1000)$	2573	4488	4299	6968	11559	9495	11758	13200	J/mol [1]
% der vollen Anregung bei 1000 K	10,3	18	17,2	28	46,3	38	47,1	52,9	% [2]
in ν_1	0,9	2,8	3,0	6,4	13	11,15	13,5	15,7	%
in ν_2	8,6	12,7	11,47	6,4	22,3	18,5	19,2	23,75	%
in ν_3	0,8	2,47	2,77	5,7	10,98	8,4	14,4	13,5	%

Anmerkungen : 1) ohne Nullpunktsenergie

2) volle Anregung: U (voll) = klassischer Grenzwert = 3 RT = 3 · 8,3144 · 1000 = 24943,2 J/mol

gie bei Zimmertemperatur U_{vib} (300) ausrechnet. Man erhält
für H_2O nur 9,117 J/mol, d. h. $3,6 \cdot 10^{-4}$ der vollen Anregung
gegen 3,6 % beim ClO_2. Man kann also bei nicht zu hohen Temperaturen den Beitrag von schwingenden Wasserstoffatomen meist
getrost vernachlässigen.

3. Ersatz des Wasserstoffs durch ein schwereres Isotop, z. B.
durch Deuterium, kann den Schwingungsanteil der Inneren Energie
stark verändern.

4. Den Austausch von Wasserstoff durch Deuterium kann man, wenn
Daten für das deuterierte Molekül fehlen, gut durch die Näherungen (Gl. (2.3.14)) berücksichtigen. Speziell für den Wasserstoff-
Deuterium-Austausch kann man sogar noch weiter vereinfachen, indem man die Wasserstoff-Wellenzahlen mit $2^{1/2}$ = 1,414 dividiert.
Man erhält dann z. B. aus den Werten für H_2S für D_2S die folgenden Wellenzahlen der Normalschwingungen: v_1 = 1846,1;
v_2 = 912,2; v_3 = 1897 und mit diesen Wellenzahlen eine Innere
Energie bei 1000 K von 7237,3 J/mol, also den richtigen Wert mit
einem Fehler von nur 4,4 %.

5. Vergleicht man die Wellenzahlen und die prozentualen Anteile
der drei Normalschwingungen mit ihrer bildlichen Darstellung
in Abbildung 11, so wird deutlich, daß die reinen Biegeschwingungen (v_2) den Hauptbeitrag zur Schwingungsenergie leisten
und daß die Streckschwingungen die höchsten Wellenzahlen und
den geringsten Anteil an der Schwingungsenergie haben. Wichtig
ist ferner, daß auch die Biegeschwingungen bei Isotopenersatz
nach der Wurzelbeziehung abgeschätzt werden können.

e) <u>Nullpunktsenergie</u>

Für den nicht von der Temperatur abhängenden Anteil der Inneren
Energie der Schwingung, die Nullpunktsenergie (erster Term auf
der rechten Seite von 2.3.20), sind die Verhältnisse gerade umgekehrt wie bei temperaturabhängigem Anteil. Wegen U_0 = 1/2 Nk $\sum_i \Theta_i$
und $\Theta_i hc\tilde{v}/k$ trägt die Normalschwingung mit der größten Wellenzahl
am meisten zur Nullpunktsenergie des Moleküls bei. Für die Wasser-
stoff-Streckschwingungen v_1 in der Tabelle 15 ergeben sich für
Wasser: $3651,7 \cdot 1,43822 \cdot 8,3144 / 2$ = 21833,4 J/mol; für schweres

Wasser 15940 J/mol; während die niedrigste der Normalschwingungen der Tabelle, $\tilde{\nu}_2$ beim ClO_2 447,4 cm^{-1} nur 2675 J/mol liefert.

Da, bis auf wenige Ausnahmen, für chemische Berechnungen stets nur der temperaturabhängige Anteil der thermodynamischen Größen gebraucht wird, wird man die Nullpunktsenergie selten benötigen. Man sollte aber behalten, daß sie mit der Größe des Moleküls wächst und daß besonders Moleküle mit vielen Wasserstoffatomen eine besonders hohe Nullpunktsenergie haben.

f) Abschätzung der Schwingungsbeiträge in großen Molekülen

Für den in der Praxis überwiegend vorkommenden Fall, daß für ein interessierendes Molekül keine Normalschwingungsanalyse vorhanden ist, hat S. W. Benson einfache und brauchbare Abschätzungen angegeben. Ein N-atomiges Molekül hat 3N-6 Schwingungsfreiheitsgrade (3N-5 beim linearen Molekül). Diese Normalschwingungen können in drei Klassen unterteilt werden: Streckschwingungen, Biege- oder Deformations-Schwingungen und innere Rotationen. Letztere können mehr oder weniger frei oder behindert sein. N Atome im Molekül sind durch mindestens N-1 Bindungen zusammengehalten. Also muß es mindestens N-1 Streckschwingungen geben, die jeweils zu einer der das Molekül bildenden Bindungen gehören. Damit verbleiben 2N-4 (oder 2N-5) Freiheitsgrade für Deformationsschwingungen und innere Rotationen übrig.

In einfachen Ringen sind N Atome durch N Bindungen verbunden, solche Ringe enthalten also eine Streckschwingung mehr als nicht zum Ring geschlossene Moleküle.

Innere Rotationen können nur um Einfach-Bindungen als Achse auftreten, und ihre Anzahl entspricht der Anzahl der Einfachbindungen zwischen mehrwertigen Atomen, d. h. nur Atomgruppen an einer Einfachbindung liefern einen Rotationsbeitrag. (Einzelne Atome an einer Einfachbindung liefern keinen Rotationsbeitrag zu den thermodynamischen Funktionen, da ihr extrem kleines Trägheitsmoment um die Verbindungsachse so hohe Rotationseigenwerte bedingt, daß eine thermische Anregung solcher Rotationen nicht in Frage kommt.)

Tabelle 16. Wellenzahlen zur Abschätzung von Schwingungsbeiträgen
(nach Benson)

Streckschwingung	$\tilde{\nu}\,(cm^{-1})$	Biegeschwingung	$\tilde{\nu}\,(cm^{-1})$
C – C	1000	H–C–H	1450
C = C	1650		
C ≐ C	1300	H–C–C t,w	1150
C · C	675		700 rock
C = O	1700		
C – O Äther	1100	H–O–C	1200
C – O Säuren, Ester	1200		
C – H		H–C=C	1150
O – H	3100		700 aus der Ebene
N – H			
C – F	1100	C–C=C	420
C – Cl	650		
C – J	500	O–C=O	420
C – Br	560	C= C =C	850
		C–C–Cl	400
		C–C–Br	360
		C–C–J	320
		C–C–C	420
		C–O–C	400
		C–C–O	400
		O–C–O	400

Ringmoleküle oder zum Ring geschlossene Teile eines Moleküls haben keine innere Rotationen.

Hat man durch solche Abzählungen die vorkommenden Schwingungen klassifiziert, wird man versuchen, für diese Schwingungen universell verwendbare Schätzwerte einzusetzen. Solche Werte kann man aus Infrarotspektren (Gruppenlinien) entnehmen, oder besser einem Satz von speziell diesem Zweck angepassten Daten wie er in Tabelle 16 von Benson (loc cit) übernommen wurde. Diese Wellenzahlen sind im Mittel auf etwa $\pm$ 10 % richtig. Dieser Fehler macht z.B. bei der spezifischen Wärme im Bereich von Θ_{vib}/T zwischen 1 und 4 nur etwa 0,17 J/mol grad aus, also zwischen 2 und 5 % der spezifischen Wärme in Tabelle 13.

Dieser Fehler mittelt sich bei Molekülen mit vielen Normalschwingungen teilweise wieder heraus, so daß recht brauchbare Werte erhalten werden. Wir wollen dies an einigen Beispielen zeigen, wobei wir zunächst Moleküle mit inneren Rotationen zurückstellen.

Beispiel

Äthylenchlorid, C_2H_3Cl, Symmetrie C_s
Herzberg, "Spectra of Polyatomic Molecules" gibt folgende Werte für die Normalschwingungen an:

ν_1: 3121 ν_2: 3086 ν_3: 3030 ν_4: 1608 ν_5: 1369

ν_6: 1279 ν_7: 1030 ν_8: 720 ν_9: 395 ν_{10}: 941

ν_{11}: 896 ν_{12}: 620

Für eine Temperatur von 500 K erhält man daraus über Gl. (2.3.20) (evtl. mit Tabelle 13) für den Schwingungsanteil der spezifischen Wärme, $c_{v,vib}$ = 41.22 J/mol grad als exakten Wert. Die Abschätzung geht wie folgt vor sich:

Zahl der Atome im Molekül	$N = 6$
Freiheitsgrade für Vib.	$3N - 6 = 12$
	keine inneren Rotationen
Zahl der Bindungen	$N - 1 = 5$
	d. h. 5 Streckschwingungen

davon   3 für C-H   3100 cm^{-1}
          1 für C-Cl   650 cm^{-1}
          1 für C=C   1650 cm^{-1}

Es verbleiben

          12 - 5 = 7 Biegeschwingungen

davon   3 für C=C-H,plan 1150 cm^{-1}
          1 für C $_\text{H}^\text{H}$ 1450 cm^{-1}
          1 für C-C-Cl   400 cm^{-1}
          2 für C=C-H,ex.pl. 700 cm^{-1}

Aus diesen geschätzten Schwingungen erhält man für eine Temperatur
von 500 K folgende Einzelwerte:

   3 x 0,0887; 1 x 6,2634.; 1 x 1,16553   für die Streckenschwingungen

   3 x 3,5868; 1 x 2,3037; 1 x 7,4548;   2 x 5,9947   für die Biege-
                                                        schwingungen

Zusammen ergibt sich $c_{v,vib}$ = 40,693 J/mol grad als Schätzwert
in vorzüglicher Übereinstimmung mit dem vorher berechneten Wert.

Die hier aufgetretene Übereinstimmung von 98,7 % trügt allerdings,
nicht immer lassen sich die Frequenzen so gut abschätzen und nicht
immer mitteln sich die Fehler so glücklich heraus.

Die mögliche Leistung der Methode wird an einem größeren Molekül
deutlich.

Beispiel

Pyridin, C_5H_5N, Symmetrie C_{2v}

Herzberg, "Polyatomic Moleluces" gibt folgende Normalschwingungen an:

3054	3054	3036	1583	1482
1218	1068	1029	992	605
981	886	374	942	886
749	700	405	3038	3036
1572	1439	1375	1217	1148
1085	652			

Aus diesen Schwingungen errechnet sich nach (2.3.20) der Schwingungsanteil der spezifischen Wärme $c_{v,vib}$ = 96,52 J/mol grad als exakter
Wert.

Für die spezifische Wärme c_p des Pyridins gibt G. Kortüm den empirischen Ausdruck in cal/mol grad

$$c_p = - 3,016 + 88,083 \cdot 10^{-3} \cdot T - 38,665 \cdot 10^{-6} T^2$$

an. Für T = 500 K erhält man daraus ein $c_{v,exp}$ = 97,887 J/mol grad.

Die vollständige statistische Berechnung und die experimentellen
Daten stimmen also im Rahmen der Meßfehler überein.

Nun die einfache Abschätzung:

Anzahl der Atome			N = 11
Schwingungsfreiheitsgrade			3N - 6 = 27
Zahl der Bindungen			11 (wegen Ringschluß = N)
Streckschwingungen			11
davon	5 C-H	3100 cm^{-1}	
	2 C=C	1650 cm^{-1}	
	2 C-C	1000 cm^{-1}	
	1 C=N	1590 cm^{-1*}	
	1 C-N	964 cm^{-1*}	

Da für die letzten beiden Schwingungen keine Werte in der Tabelle
vorliegen, wurden die mit einem * bezeichneten Wellenzahlen aus
der Wurzelbeziehung (2.3.14) berechnet.

Neben den 11 Streckschwingungen bleiben nun noch

16 Biegeschwingungen

davon	5 C=C-H planar	1150 cm^{-1}
	5 C=C-H expl.	700 cm^{-1}
	3 C-C=C	420 cm^{-1}
	2 C-C=N C=C-N	405 cm^{-1}
	1 C=N-C	420 cm^{-1}

124

Wieder findet man keine Schätzwerte für die letzten 3 Schwingungen,
deshalb wurden die C-C=N und die C=C-N zusammen über die Wurzelbeziehung aus dem Wert für die C=C-C Schwingung angesetzt und die
C=N-C Schwingung mit der C=C-C Schwingung gleichgesetzt. Diese
starke Vereinfachung läßt einen großen Fehler erwarten, weil die
geschätzten Wellenzahlen im niedrigen Bereich liegen, also im
Gebiet großer Beiträge zu den thermodynamischen Funktionen. Tatsächlich zeigt die Ausrechnung einen zu hohen Wert in der Abschätzung der spezifischen Wärme:

$$c_{v,vib,geschätzt} = 108,7 \text{ J/mol grad}$$

also ein Fehler von rund 11 %.

Man sieht aus diesem Beispiel, daß sich aus der Strukturformel allein
mit Hilfe einfacher Schätzregeln selbst unter ungünstigen Umständen
brauchbare Werte erhalten lassen, besonders, wenn man den Aufwand
dieser Schätzung mit dem Aufwand einer experimentellen Bestimmung
vergleicht.

g) <u>Anharmonische Schwingungen</u>

Im Gegensatz zu dem bisher behandelten Modell des harmonischen
Oszillators weiß man aus der Bandenspektroskopie, daß die tatsächlichen Schwingungen der Molekeln bei größerer Anregung keineswegs einem harmonischen Kraftgesetz folgen (vgl. Abb. 9). Die empirischen Termwerte für di Schwingung einer Molekel im elektronischen Grundzustand lassen sich vielmehr durch einen Ausdruck der
Form:

$$E_n = h\tilde{\nu}c \left[\left(n + \tfrac{1}{2}\right) - x_e \left(n + \tfrac{1}{2}\right)^2 + y_e \left(n + \tfrac{1}{2}\right)^3 \dots \right] \qquad (2.3.21)$$
$$x_e \ll 1 \qquad y_e \ll x_e \qquad \text{u.s.w.}$$

darstellen.

Hier entspricht das erste Glied dem harmonischen Oszillator, das
folgende Glied sorgt jedoch dafür, daß die höheren Termwerte lang-
samer ansteigen, als beim harmonischen Oszillator.

Die Anpassung der Schrödinger-Gleichung an diesen empirischen
Sachverhalt läßt sich auf viele verschiedene Arten durchführen.
Die meist verwendete Anpassung ist die Verwendung des sogenannten
Morse-Potentials:

$$E_{pot} = D_e \left(1 - e^{-\beta(r - r_0)}\right)^2 \qquad (2.3.22)$$

mit r_0 Ruhelage, $\beta = 1,218 \cdot 10^7 \, \tilde{\nu}_e \, \sqrt{\dfrac{\mu}{D_e}}$,

D_e = Dissoziationsenergie, $\tilde{\nu}_e$ = Nullpunktschwingung

Diese Potentialform hat den Vorteil, daß die Schrödinger-Gleichung
exakt lösbar ist. Andererseits erhält man nur den harmonischen und
einen quadratischen Term in der Energie, die höheren Terme bleiben
vernachlässigt.

$$E_n(\text{MORSE}) = hc\tilde{\nu} \left[\left(n + \tfrac{1}{2}\right) - x_e \left(n + \tfrac{1}{2}\right)^2\right]$$

$$x_e \sim \frac{\tilde{\nu}}{4 \, D_e}$$

(wird besser empirisch bestimmt)

Da, wie wir sehen werden, der Beitrag der Anharmonizität zu den
thermodynamischen Funktionen ohnehin nur klein ist, kann man für
praktische Zwecke durchaus auf die höheren Glieder verzichten.
Außerdem liegen nur für wenige Substanzen verlässliche Messungen
der höheren Glieder vor, so daß ohnehin eine Erfassung des Beitrags
dieser höheren Glieder für thermodynamische Rechnungen auf Schwierigkeiten stößt.

Für die Ermittlung der Zustandssumme setzt man einen Energieterm
nach (2.3.21) an, den man je nachdem welche empirische Daten vorhanden sind, mit dem quadratischen oder dem kubischen Glied abbrechen
läßt:

$$Z_{vib} = \sum_0^{n_{max}} \exp - \left[\left(n + \tfrac{1}{2}\right) - x_e \left(n + \tfrac{1}{2}\right)^2 + y_e \left(n + \tfrac{1}{2}\right)^3\right]$$

anh. $\qquad (2.3.23)$

Die Summation ist jetzt natürlich nicht mehr bis unendlich zu strecken,
da das empirische Potential eine Dissoziation der Molekel ab einer
gewissen Grenzenergie, der Dissoziationsenergie, bedingt. Die Summa-

tion geht also nur bis zu solchen Werten der Quantenzahl,bei denen
die Schwingungsenergie noch unterhalb der Dissoziationsenergie bleibt.

Ist die Dissoziationsenergie nicht oder nicht genau bekannt, kann man
sich dadurch helfen, daß man nur das quadratische Glied im Exponenten
mitnimmt. Der Ausdruck

$$\left(n + \frac{1}{2}\right) - x_e \left(n + \frac{1}{2}\right)^2$$

hat ein Maximum bei

$$n_{max} = \frac{1}{2\,x_e} - \frac{1}{2} \qquad\qquad (2.3.24)$$

d.h. die Summation hat sich nur bis zu diesem n_{max} zu erstrecken.
Mit einem programmierbaren Taschenrechner kann man die Zustandssummen recht bequem direkt ermitteln. Man berechnet den Ausdruck
in der eckigen Klammer, multipliziert mit Θ/T, bildet e^{-x} und
summiert die Glieder in einem Speicher. Als Zwischenschritt kann
man nach Berechnung der eckigen Klammer durch Multiplikation mit
$\Theta \cdot k \cdot N_L = \Theta \cdot 8,3144$ die der Anregungsstufe n entsprechende
Energie bekommen und mit der Dissoziationsenergie vergleichen.

Ein Beispiel möge dies verdeutlichen:

Berechnet wird die Zustandssumme des Wasserstoffs bei 3000 K. Nach
Tabelle 14 ist Θ = 6321 K, x_e = 0,027, n_{max} nach (2.3.24) = 18,018 $\cong$ 18
$\Theta \cdot R$ = 52,55 kJ.

Man erhält die folgenden Werte:

n	E_{vib}(kJ)	Z	ln Z
0	25,9	0,3537	− 1,039
1	75,64	0,4019	− 0,911
2	122,5	0,409,3	− 0,893

und so weiter bis

17	485,12	0,41083	− 0,88956947
18	486,6	0,41083	− 0,88956946

aber

| 19 | 485 | 0,4108 | - 0,88956946 |
| 20 | 481,05 | 0,4108 | - 0,88956946 |

Die unterstrichene Zeile entspricht der maximalen Schwingungsanregung
und liefert die richtigen Werte.

Die so erhaltene maximale Schwingungsenergie liegt höher als die
tabellierte Dissoziationsenergie von 458 kJ. Dies liegt an der
Vernachlässigung von y_e, hat aber keinen Einfluß auf thermodynamische
Funktionen, wie man beim Vergleich der Zustandssummen von n = 2
bis n = 20 leicht erkennt.

Man erkennt aus dem Beispiel deutlich, daß eine genaue Kenntnis der
Dissoziationsenergie nicht erforderlich ist, da die Zustandssumme sich
bei den oberen Gliedern nicht mehr nennenswert ändert. Weiterhin
erkennt man, daß die Anregungsenergie oberhalb n_{max} wieder kleiner wird,
was natürlich nicht sein kann, sondern durch das Überschreiten der
Dissoziationsenergie hervorgerufen wird. Dieses Abnehmen der formal
berechneten Anregungsenergie kann man anstelle einer Schätzung der
Dissoziationsenergie benützen, indem man alle Werte der Entwicklung
verwirft, die nach dem Maximum der Anregung kommen.

Aus dem so berechneten Logarithmus der Zustandssumme erhält man die
Freie Energie

$$F_{anh.vib} = 8,3144 \cdot 3000 \cdot 0,8895964 = 22,189 \text{ J/Mol}$$

Interessant ist der Vergleich mit den für den harmonischen Oszillator
berechneten Werten:

Mit $\Theta/T = 6321/3000 = 2,107$ erhalten wir aus Tabelle 10 für die Freie
Energie

$$F_{harm,vib} (3000) = 7,644 \cdot 3000 = 22,932 \text{ kJ/mol}$$

Wie man sieht, beträgt der Effekt der Anharmonizität selbst bei dem
recht großen x_e-Wert des Wasserstoffs und bei der hohen Temperatur
von 3000 K nur etwa 3 %.

128

Wenn sich also vielleicht in unserem extrem gewählten Beispiel die
Mitnahme des Anharmonizitätsanteils bei der Berechnung von Flammen
noch lohnen mag, sieht man doch andererseits leicht ein, daß in
den meisten Fällen auf die Berechnung dieses Beitrages verzichtet
werden kann. Eine wichtige Ausnahme bilden die Inneren Rotationen,
die bei genügend hoher Hemmung als Schwingungen zu behandeln sind.
Hier kann der Anharmonizitätsgrad Werte annehmen, die seine Berücksichtigung angebracht erscheinen lassen. (vergl. Tab. 6-9)

Zur Berechnung der weiteren thermodynamischen Funktionen braucht
man noch die erste und die zweite Ableitung der Zustandssumme nach
der Temperatur. Es macht keine Schwierigkeit, die obige Zustandssumme bei vier kleineren und vier größeren Temperaturen zu ermitteln
und dann numerisch zu differenzieren (siehe Gl. (2.2.11) und folgende).
K. Schäfer "Statistische Theorie der Materie", loc. cit. bietet darüber hinaus gut verwendbare Näherungsformeln. So liefert z. B.
die Berechnung der Zustandssumme im vorstehenden Beispiel (H_2) bei
Temperaturen in der Umgebung von 3000 K:

T	ln Z
2996	- 0,8913921279
2997	- 0,8909360665
2998	- 0,8904803235
2999	- 0,8900247986
3000	- 0,8895694917
3001	- 0,8891144025
3002	- 0,8886595308
3003	- 0,8882048764
3004	- 0,8877504391

Aus den Werten von 2998 bis 3002 erhält man nach Gleichung (2.2.11)
als erste Ableitung der Zustandssumme nach der Temperatur:

$$\frac{\partial \ln Z}{\partial T}\bigg/_{3000} = 0,0004551982$$

Durch analoge Berechnung der ersten Ableitung an den Stellen
2998, 2999, 3001 und 3002 erhält man durch Verwendung derselben
Formel die zweite Ableitung der Zustandssumme nach der Temperatur:

$$\frac{\partial^2 \ln Z}{\partial T^2}\bigg/_{3000} = -\,0{,}0000002177$$

Daraus erhält man für die Innere Energie des anharmonischen Oszillators

$$U_{vib} = RT^2\,\frac{\partial \ln Z}{\partial T}\bigg/_{3000} = 34062{,}3 \text{ J/mol}$$

Für die Entropie

$$S_{vib} = R\left[\ln Z + \frac{U}{RT}\right] = 3{,}958 \text{ J/grad Mol}$$

und für die spezifische Wärme

$$c_v = 2\,RT\,\frac{\partial \ln Z}{\partial T} + RT^2\,\frac{\partial^2 \ln Z}{\partial T^2} = 6{,}42 \text{ J/grad Mol}$$

h) Die Kopplung von Rotation und Schwingung

Wie wir gesehen haben, ist die Rotation bei "normalen" Temperaturen
stets schon bis zu recht hohen Quantenzahlen angeregt. Das heißt
nichts anderes, als daß in der klassischen Vorstellung hohe Um-
drehungsgeschwindigkeiten vorhanden sind. Unter diesen Umständen
kann man damit rechnen, daß die Zentrifugalkräfte an der Bindung
ziehen und daß das Molekül leicht deformiert wird. Wegen der Anharmonizität der Potentialkurve für die Schwingung wird sich bei
der Rotation der Gleichgewichtsabstand der Atome etwas vergrößern,
d. h. die früher gemachte Annahme von der gegenseitigen Unabhängigkeit der Freiheitsgrade ist nicht ganz korrekt.

Neben der reinen Streckung der Bindung durch die Zentrifugalkräfte
treten noch weitere Kopplungen auf, die von den Corioliskräften
bis zur Änderung der Anharmonizität und Änderung der Kopplung
der Schwingungen über diese reichen.

So interessant diese Effekte in der Molekularspektroskopie sein
können, tragen sie doch kaum noch etwas zu den thermodynamischen
Funktionen bei. Es lohnt sich daher im vorliegenden Rahmen nicht,
die allgemeine Behandlung solcher Kopplungen durchzuführen. Für
die praktische Berechnung kommt höchstens der Streckungseffekt

der Molekeln durch die Rotation in Frage, der noch einen kleinen
Beitrag an der Grenze des thermodynamisch Meßbaren liefert.
Für diesen Effekt hat K. Schäfer aus der Lösung der Schrödinger-
Gleichung Näherungsformeln abgeleitet, die man bequem verwenden
kann und die den Vorteil haben, daß keine neuen Moleküldaten
berücksichtigt werden müssen. Zur Anwendung dieser Näherung
stellen wir uns die gewünschte Funktion in der bisher gehandhab-
ten Form, aufgespalten in einen Anteil der ungestörten Schwingung,
der ungestörten Rotation und in einen Zusatzbeitrag, der die
Wechselwirkung von Rotation und Schwingung enthält, vor:

$$F_{r,v} = F_{rot} + F_{vib} + \delta F$$

$$S_{r,v} = S_{rot} + S_{vib} + \delta S$$

$$\text{u.s.w.}$$

Für die Unterschiedsfunktionen δF, δS, δU, δC gelten dann
die Nährungsformeln für nicht zu hohe Temperatur:

$$\delta F = - RT^2 \cdot 8 \; \Theta_{rot}/\Theta_{vib}^2$$

$$\delta S = \quad RT \cdot 16 \; \Theta_{rot}/\Theta_{vib}^2$$

$$\delta U = \quad RT^2 \cdot 8 \; \Theta_{rot}/\Theta_{vib}^2$$

$$\delta C = \quad RT \cdot 16 \; \Theta_{rot}/\Theta_{vib}^2$$

Ein Beispiel soll den Einfluß dieser Korrekturen zeigen. Gewählt
wird ein zweiatomiges Gas mit kleinem Θ_{vib}, Cl_2 bei einer Temperatur von 700 K:

Herzberg liefert:

Grundschwingung: $564,9 \text{ cm}^{-1}$

Rotationskonstante: $0,2438$

und die Rotationstemperatur: $\qquad \Theta_{rot} = 0,351$

Ferner folgt eine Schwingungstemperatur: $\Theta_{vib} = 812,45$

$$\Theta_{vib}^2 = 660 \cdot 10^3$$

Damit erhalten wir für $\Theta_{rot}/\Theta_{vib}^2 = 531,8 \cdot 10^{-9}$ und für die
Kopplungsbeiträge:

$F = - 17,33 \quad J/mol$

$U = - 17,33 \quad J/mol$

$S = \quad 0,049 \; J/mol \; grad$

$C = \quad 0,049 \; J/mol \; grad$

Daraus ergeben sich mit den bereits berechneten Werten für
Schwingung (Beispiel Seite 96) und Rotation (Gl (2.2.9))
für den Schwingungs- und Rotationsanteil:

$F = F_{vib} + F_{rot} + \delta F$

$F = 1190,522 + 40187 - 15,54$

$\quad = 41360 \; J/mol$

entsprechend für die anderen thermodynamischen Funktionen. Die
Korrektur beträgt in unserem Beispiel rund 0,04 %, liegt also
unter der Grenze des Meßbaren.

Bei der spezifischen Wärme, die am empfindlichsten ist, kommt
die Korrektur gerade auf 0,2 %, wenn man auch den Translations-
anteil einbezieht. Hier könnte die Kopplung eben meßbar sein.

j) <u>Zustandssummen über elektronische Zustände</u>

Bei allen für die Chemie in Betracht kommenden Temperaturen liegt
die Materie bis auf wenige Ausnahmen im elektronischen Grundzustand vor. Die Energien für die erste elektronische Anregung
liegen bei fast allen Molekülen weit mehr als $10000 \; cm^{-1}$ über dem
Grundzustand. Die Boltzmannkonstante k beträgt in Wellenzahlen
ausgedrückt $0,695 \; cm^{-1}/grad$. Man kann daraus leicht ersehen, daß
eine thermische Anregung elektronischer Zustände in der Regel
ausgeschlossen werden kann. (Der erste Exponentialterm der Zustandssumme ist $e^0 = 1$, der zweite liegt bei 1000^0 und $10000 \; cm^{-1}$ in der
Größenordnung 10^{-6}).

Es gibt jedoch einige Atome, Moleküle und Radikale, deren elektronischer Grundzustand durch ein Multiplett gebildet wird, welches

132

aufgrund der Spin-Bahnkopplung energetisch aufgespalten ist. Im
Falle einer solchen Multiplettaufspaltung des Grundzustandes kann
ein elektronisch angeregter Zustand so nahe über dem Grundzustand
liegen, daß schon bei Zimmertemperatur eine endliche Besetzung
möglich ist. (Bei einer Aufspaltung des Grundzustandes von 500 cm^{-1}
sind bereits bei Zimmertemperatur rund 10 % der Molekeln im höheren
Zustand).

Je nach der Aufspaltung des Grundzustandes müssen von der elektronischen Zustandssumme ein, zwei oder drei Glieder berechnet werden.
Höhere Glieder kommen nicht in Betracht, da die Elektronenterme
oberhalb des Grundzustandes extrem rasch gegen Null streben.

Für die Berechnung verwendet man die Zustandssumme für den entarteten Fall der Boltzmann-Statistik:

$$Z_{el} = \sum_i g_i \; e^{-\varepsilon_i/kT}$$

(Energie am besten in Einheiten cm^{-1}, k = 0,695 cm^{-1}/grad)

Die Entartung berechnet sich aus der Quantenzahl J für den Gesamt-
drehimpuls, die als rechter unterer Index am Termsymbol erscheint.

$$g_i = (2 J + 1)$$

Die Energien entnimmt man einer geeigneten Tafel, z. B. Herzberg,
"Spectra of Diatomic Molecules" (loc. cit.), C. E. Moore, "Atomic
Energy States", Natl. Bur. Standards Circ., 1, 1949, oder einer
der neueren Auflagen von Landolt Börnstein.

Ein Beispiel mag den Gang der Rechnung verdeutlichen:

Beispiel $N^{14}O^{16}$: Elektronische Beiträge zu Entropie und Innerer
Energie

Im Herzberg, "Diatomic Molecules" finden sich folgende Angaben:

$$X_1 \; ^3\Pi_{1/2} : \quad 0 \;\; cm^{-1}$$
$$X_2 \; ^3\Pi_{3/2} : 121,1 \;\; cm^{-1}$$
$$A \;\; ^2\Sigma \quad\;\; 43966 \;\; cm^{-1}$$

Die Entartung des $^3\Pi_{1/2}$ Zustandes beträgt $g_1 = (2 \cdot 1/2 + 1) = 2,$

des $^3\Pi_{3/2}$ Zustandes $\qquad g_2 = (2 \cdot 3/2 + 1) = 4.$

Damit folgt für die Zustandssumme:

$$Z_e = 2 \cdot e^0 + 4 \cdot \exp - \frac{121,1}{0,695 \cdot 300} = 2 + 4 \cdot 0,5594 = 4,2378$$

(Der dritte Term ($^2\Sigma$) wäre bereits in der Größenordnung 10^{-92})
$\ln Z_{el} = 1,444.$

Die Berechnung der Inneren Energie über eine Zustandssumme oder gar über die Systemzustandssssumme ist im konkreten Fall viel zu umständlich, wir verwenden besser unmittelbar den Ausdruck für die mittlere Energie (Gl. (1.9.13)):

$$\bar{\varepsilon} = \frac{4 \cdot 121,1 \cdot e^{-\frac{121,1}{0,695 \cdot 300}}}{4,2378} = 63,9478 \; cm^{-1}$$

Mit diesem Wert erhalten wir für den aus der Aufspaltung des Grundzustandes herrührenden Anteil der Entropie:

$$S_{el} = 8,3144 \left(\ln Z_{el} + \frac{63,9478}{0,695 \cdot 300} \right) = 14.523 \; J/mol \; grad$$

Vergleichen wir diesen Wert mit der Standard-Entropie von 210,467 J/mol grad sehen wir, daß schon bei 300 K rund 7 % dieser Entropie aus dem elektronischen Beitrag kommen, der hier also keineswegs vernachlässigbar ist.

Treten bei einer Rechnung atomare Spezies auf, können Entartungen und Aufspaltung des Grundzustandes häufiger eine Rolle spielen:

Wasserstoff und die Alkalien haben einen $^2S_{1/2}$ Grundzustand, dem ein Entartungsgrad $g = 2$ entspricht. Hier muß jedoch nur ein Glied der Zustandssumme berücksichtigt werden, da die Energie des ersten angeregten Zustandes in der Größenordnung $10000 \; cm^{-1}$ über dem Grundzustand liegt.

Halogen-Atome haben ein $^2P_{3/2}$ als Grundzustand, Entartungsgrad $g = 4,$ darüber liegt ein angeregter Zustand $^2P_{1/2},$ $g = 2,$ mit einer Anregungs-

134

energie der Größenordnung 500 cm^{-1}. Hier müssen also in der Regel
zwei Terme der Zustandssumme berechnet werden wie beim NO.

Sauerstoff hat ein $^3P_2$ als Grundzustand, $g = 5$ über dem zwei angeregte
Zustände liegen, die beide in einer dreigliedrigen Zustandssumme berücksichtigt werden müssen: $^3P_1$, $g = 3$, 158,5 cm^{-1} und $^3P_0$, $g = 1$, 226,5 cm^{-1}.

In der Tabelle 17 sind einige weitere Werte von Radikalen zusammengestellt.

Tabelle 17. Einige aufgespaltene Grundzustände zweiatomiger Molekeln
nach Herzberg
(Alle Grundzustände $^2\Pi$, alle angegebenen Aufspaltungen $^2\Pi_{1/2} - {}^2\Pi_{3/2}$)

	cm^{-1}	
$C^{12}H_1$	17,9	
$C^{12}H_2$	3,8	
$C^{12}Cl^{35}$	138	
GeF	935	Inversionsaufspaltung bei
$P^{31}O^{16}$	223,8	NH_3: 0,793 cm^{-1}
SiBr	418	
SiCl	207,9	
SiF	160,8	
$N^{14}O^{16}$	121,1	

Auch durch die Orientierung der Kernspins kann eine weitere Zustandssumme, bestehend aus nur einem Entartungsterm, verursacht werden.
Dieser Term wir bei thermodynamischen Rechnungen in aller Regel
vernachlässigt, wir werden jedoch später beim Wasserstoff-Problem
ein Beispiel kennenlernen, wo gerade dieser Term eine ausschlag-
gebende Rolle spielt.

III. Die Debye'sche Theorie fester Körper

<u>a) Grundzüge der Theorie</u>

Im kristallisierten Festkörper sind die Atome oder Molekeln an
feste Gitterplätze gebunden. Sie können um ihre Ruhelagen Schwingungen und bei manchen Molekülkristallen auch Rotationen ausführen.
Bei den Rotationen handelt es sich natürlich nicht um "freie Rotation",sondern um gehemmte Rotation, die als Schwingung behandelt
werden kann (siehe "Innere Rotation").

Die Anzahl der Schwingungsfreiheitsgrade in einem Kristall beträgt
wie bei einem großen Molekül 3N-6. Da N bei einem beliebigen, makroskopischen Kristall eine sehr große Zahl ist, können die je drei
Freiheitsgrade der Translation und der Rotation vernachlässigt werden, man rechnet mit 3N Schwingungsfreiheitsgraden.

Es existiert, wie bereits bei den Molekülschwingungen beschrieben,
eine Koordinatentransformation (2.3.15 ff.), die den im einzelnen
recht komplizierten Ausdruck für die potentielle Energie der Gitter-
bausteine an ihren Ruhelagen in einen Ausdruck aus rein quadratischen
Termen überführt. Unter diesen Umständen ist die Schrödinger-Gleichung
des Systems separierbar und führt zu 3N einzelnen Schwingungsglei-
chungen, die je einen Satz von Eigenwerten:

$$h\nu_i\left(n_j + \frac{1}{2}\right) \quad , \quad n_j = 1, 2, 3, \ldots\ldots$$

liefern. Die durch die ν_i gekennzeichneten Schwingungen sind die
"Normalschwingungen" des Kristalls. Über den Index j wird bei Ausführung der Zustandssummen summiert (s. (2.3.5), er tritt daher
später nicht mehr explizit in Erscheinung.

Die Zustandssumme für einen einzelnen Schwingungsfreiheitsgrad
nach der Boltzmann-Statistik ist nach Gleichung (2.3.5) bekannt:

$$Z_{vib_i} = \frac{e^{-\frac{h\nu_i}{2kT}}}{1 - e^{-\frac{h\nu_i}{2kT}}}$$

Die Anwendung der Boltzmann-Statistik ist hier dadurch gerechtfertigt, daß man wenigstens im Prinzip jedem Gitterbaustein ein
Koordinantentripel zuordnen kann, wodurch die Unterscheidbarkeit
der Bausteine gewährleistet ist. Für ein System von 3N Schwingungen
ergibt sich als Systemzustandssumme und für deren Logarithmus:

$$Z_{vib}^* = \prod_{i=1}^{3N} \left(\frac{e^{-h\nu_i/kT}}{1 - e^{-h\nu_i/kT}} \right)$$

$$- \ln Z_{vib}^* = \sum_{i=1}^{3N} \frac{h\nu_i}{2\,kT} + \sum_{i=1}^{3N} \ln \left(1 - e^{-h\nu_i/kT} \right) \tag{3.1.1}$$

Wären die Eigenfrequenzen ν_i für den ganzen Kristall bekannt, könnte
man die Aufgabe der Berechnungen thermodynamischer Daten für den
Festkörper mit Angabe der Zustandssumme als gelöst ansehen.

Von der Kenntnis der einzelnen Normalschwingungen ist man für den
klassischen Fall der hohen Temperaturen befreit. Im Hochtemperatur-
grenzwert muß die quantenhafte Aufspaltung der Schwingungsenergie
verloren gehen,und man sollte als Ergebnis den klassischen Gleichverteilungssatz erhalten. Tatsächlich wird,im Gegensatz zu den Gasen,
bei vielen Festkörpern dieses Temperaturgebiet schon bei Zimmertemperatur erreicht.

Zur Hochtemperatur-Näherung berechnen wir nach Gleichung (1.10.8) die
Innere Energie des Kristalls:

$$U = kT^2 \frac{\partial}{\partial T} \ln Z_{vib}^*$$

Nach Ausführung der Differentiation erhält man:

$$U = \sum_{i=1}^{3N} \frac{h\nu_i}{2} + \sum_{i=1}^{3N} \frac{h\nu_i\, e^{-\frac{h\nu_i}{kT}}}{1 - e^{-h\nu_i/kT}} \tag{3.1.2}$$

Wie früher zerfällt die innere Energie in einen temperaturabhängigen und einen temperaturunabhängigen Anteil. Der erste
Term, $\frac{h\nu_i}{2}$, ist ein typischer Quanteneffekt. Die innere Energie
verschwindet nicht am absoluten Nullpunkt, vielmehr führen die

Molekeln immer noch Schwingungen um die Ruhelage aus. Die diesen
Schwingungen innewohnende Energie heißt "Nullpunktsenergie" U_0.
Für den temperaturabhängigen Anteil

$$U(T) = U - U_0 = \sum_{i=1}^{3N} \frac{h\nu_i \, e^{-h\nu_i/kT}}{1 - e^{-h\nu_i/kT}}$$

kann man durch Erweitern des zweiten Terms in Gleichung (3.1.2)
schreiben:

$$\sum_{i=1}^{3N} \frac{h\nu_i}{e^{h\nu_i} - 1}$$

Für hohe Temperaturen ($kT \gg h \cdot \nu$) läßt sich die Exponential-
funktion im Nenner in eine Reihe entwickeln und nach dem linearen
Glied abbrechen. Man erhält den klassischen Gleichverteilungssatz

$$U(T) - U_0 = \sum_{i=1}^{3N} kT = 3\,N\,k\,T = 3\,R\,T$$

Durch Differentiation nach der Temperatur ergibt sich die spezifische
Wärme des festen Körpers zu

$$\frac{\partial U(T)}{\partial T}\bigg|_V = c_V = 3\,R \qquad\qquad (3.1.4)$$

d. h. die Dulong-Petit'sche Regel.

b) <u>"Einfache" Kristalle</u>

Bei einem makroskopischen Kristall wird man die Größenordnung von
N etwa mit 10^{20} ansetzen können. Der Kristall kann nur soviel
Schwingungsenergie aufnehmen, bis die Schmelzenergie erreicht wird.
Dies bedeutet, daß der verhältnismäßig kleine Bereich der Schmelzenergie in mehr als 10^{20} Intervalle unterteilt wird. Mit anderen
Worten, das Spektrum der für die Statistik bei tieferen Temperaturen
notwendigen Normalschwingungen kann als ein Kontinuum angesehen werden. Die Verteilung der Normalfrequenzen wird dann durch eine Dichtefunktion $g(\nu)$ beschrieben. Diese Dichtefunktion muß eine Bedingung

138

erfüllen: die Aufsummierung über alle Frequenzen muß gerade die
Zahl 3N ergeben.

$$\int_0^\infty g(\nu)d\nu = 3\,N \qquad (3.1.5)$$

Wegen der kontinuierlichen Natur von $g(\nu)$ kann die Summation in den
Zustandssummen durch ein Integral ersetzt werden und wir erhalten
z.B. für den temperaturabhängigen Teil der inneren Energie ($U(T)$):

$$U(T) = \int_0^\infty \frac{h\nu\,e^{-h\nu/kT}}{1 - e^{-h\nu/kT}} \cdot g(\nu)d\nu \qquad (3.1.6)$$

und für die spezifische Wärme

$$c_v = k\int_0^\infty \frac{(h\nu/kT)^2\,e^{-h\nu/kT}}{(1 - e^{-h\nu/kT})^2} \qquad (3.1.7)$$

Damit ist das Problem der konkreten Berechnung thermodynamischer
Daten lösbar, wenn die Gestalt von $g(\nu)$ bekannt ist.

Es ist heute möglich, durch Streuexperimente z.B. von Röntgen-
strahlen oder Neutronen solche Frequenzspektren von Festkörpern
experimentell zu bestimmen. Abbildung 12 zeigt den Verlauf von
$g(2\pi\nu)$ für Aluminium (ausgezogene Kurve).

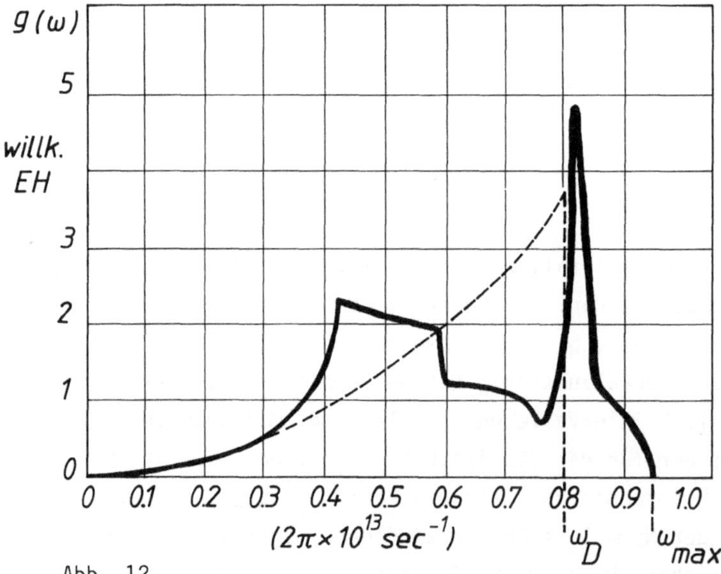

Abb. 12

Der experimentelle Aufwand für eine solche Messung ist aber so hoch,
daß man für den Zweck chemischer Rechnungen auf einfachere Methoden
zurückgreifen muß. Bei einigen Kristallen ist auch eine befriedigende Berechnung des Spektrums $g(\nu)$ aus der Gittertheorie bereits
gelungen. Auch hier ist der Aufwand zu groß, als daß es sich lohnen
könnte, thermodynamische Daten auf diesem Wege herzuleiten.

Für praktische Berechnungen ist man daher nach wie vor auf die inzwi-
schen historisch gewordenen Herleitungen von Einstein und Debye angewiesen.

Einstein hat unmittelbar im Anschluß an die Planck'sche Entdeckung des Wirkungsquantens mit einer besonders einfachen Form
der Verteilungsfunktion $g(\nu)$:

$$g(\nu) = 3N\, \delta(\nu - \nu_E) \qquad\qquad (3.1.8)$$

gerechnet. Diese hier mit dem Dirac-Delta formulierte Funktion
sagt nichts anderes, als daß alle Teilchen des Kristalles mit
einer einzigen Frequenz, ν_E, schwingen. Dieser Ansatz war in
der Hauptsache gedacht, um eine von den Gesetzen der optischen
Strahlung unabhängige Prüfung der Quantentheorie zu ermöglichen.
Man wußte nämlich zu dieser Zeit bereits, daß die spezifische
Wärme fester Körper mit fallender Temperatur von der klassischen
Dulong-Petit-Regel abweicht und daß die spezifischen Wärmen
fester Körper bei tiefen Temperaturen schnell kleiner werden,
ohne dies klassisch verstehen zu können. Das Einstein'sche
Ergebnis für die spezifische Wärme:

$$c_V = 3\,N\,k\,\left(\frac{\Theta_E}{T}\right)^2 \frac{e^{-\Theta_E/T}}{1 - e^{-\Theta_E/T}} \quad , \quad \text{mit } \Theta_E = \frac{h\nu_E}{k} \qquad (3.1.9)$$

was man ohne weiteres aus (3.1.7) herleiten kann, indem man
anstelle der Integration über $g(\nu)$ 3N einsetzt, ergab einen, dem
experimentellen Verlauf der spezifischen Wärme bereits recht gut
angenäherten Temperaturverlauf der theoretischen Werte. Es stellte
damit eine ganz grundlegende Bestätigung der Quantentheorie dar.

140

Allerdings hat diese spezifische Wärme nach Einstein bei sehr
tiefen Temperaturen einen mit dem Experiment nicht überein-
stimmenden Verlauf, nämlich:

$$c_v \approx \left(\frac{\Theta_E}{T}\right)^2 e^{-\Theta_E/T} \qquad (3.1.10)$$

für $T \to 0$

Dieser unbefriedigende Verlauf bei sehr tiefen Temperaturen
war der Anlaß für einen Verbesserungsversuch durch Debye:
Debye machte für die Verteilungsfunktion $g(\nu)$ einen aus der
akustischen Kontinuumstheorie begründbaren quadratischen Ansatz:

$$g(\nu) \begin{cases} = \text{const } \nu^2 & \text{für} \quad 0 \le \nu \le \nu_D \\[2ex] = 0 & \text{für} \quad \nu > \nu_D \end{cases} \qquad (3.1.11)$$

Um mit diesem Ansatz die Bedingung (3.1.5), nämlich die Gesamtzahl von 3N Schwingungen einhalten zu können, mußte Debye fordern,
daß die Verteilungsfunktion der Normalfrequenzen bei einer gewissen
oberen Grenzfrequenz (ν_D) abbricht. Dieser Abbruch, zusammen mit
der Integration nach Gleichung (3.1.5) liefert einen Zahlenwert
für die Konstante in Gleichung (3.1.11), so daß die genaue Verteilungsfunktion nach Debye nun lautet:

$$g(\nu) \begin{cases} = \dfrac{9N}{\nu_D^3} \nu^2 & \text{für} \quad 0 \le \nu \le \nu_D \\[2ex] = 0 & \text{für} \quad \nu > \nu_D \end{cases} \qquad (3.1.12)$$

Mit dieser "Debye'sche Dichtefunktion" ergibt sich für den Logarithmus
der Zustandssumme aus (3.1.1)

$$- \ln Z = \frac{9N}{\nu_D^3} \int_0^{\nu_D} \left[\ln\left(1 - e^{-h\nu/kT}\right) + \frac{h\nu}{2kT} \right] \nu^2 \, d\nu \qquad (3.1.13)$$

Für die Auswertung der Integrale ist es zweckmäßig, anstelle von
ν : $\Theta = h\nu/k$ einzuführen und die Substitution $x = \Theta/T$ vorzunehmen.

Damit wird zunächst

$$- \ln Z = 9N \left(\frac{T}{\Theta_D}\right)^3 \int_0^{x_D} x^2 \ln(1 - e^{-x})\,dx + 9N \left(\frac{T}{\Theta_D}\right)^3 \int_0^{x_D} \frac{x^3}{2}\,dx$$

und

$$- \ln Z = 9N \left(\frac{T}{\Theta_D}\right)^3 \int_0^{x_D} x^2 \ln(1 - e^{-x})\,dx + \frac{9}{8} N \frac{\Theta_D}{T} \qquad (3.1.14)$$

Damit kann bereits die Freie Energie des Kristalls angegeben werden:

$$F = \frac{9k}{\Theta_D^3} \cdot T^4 \int_0^{x_D} x^2 \ln(1 - e^{-x})\,dx + \frac{9}{8} N k\, \Theta_D \qquad (3.1.15)$$

Im Prinzip kann man das Integral in (3.1.15) numerisch berechnen, es ist jedoch bequemer, zunächst durch partielle Integration umzuformen:

$$\int_0^{x_D} x^2 \ln(1 - e^{-x})\,dx = \frac{x_D^3}{3} \ln(1 - e^{-x}) - \frac{1}{3} \int_0^{x_D} \frac{x^3}{e^x - 1}\,dx \qquad (3.1.16)$$

Das hier verbleibende Integral ist nämlich in vielen Nachschlagewerken tabelliert. Mit dieser Umformung ergibt sich:

$$F = 3\,N\,kT \ln\left(1 - e^{-\Theta_D/T}\right) - \frac{3\,N\,kT^4}{\Theta_D^3} \int_0^{x_D} \frac{x^3}{e^x - 1}\,dx$$

$$+ \frac{9}{8}\,N\,k\,\Theta_D \qquad (3.1.17)$$

Da beim festen Körper die Volumenarbeit vernachlässigt werden kann, stellt (3.1.17) auch die Freie Enthalpie dar. Division durch N liefert unmittelbar das chemische Potential   .

Die Innere Energie ergibt sich am einfachsten aus (3.1.2) nach Einsetzen von (3.1.11) und Integration statt Summation:

$$U = \frac{9N}{\nu_D^3} \int_0^{\nu_D} \frac{h\nu}{2}\,\nu^2\,d\nu + \frac{9N}{\nu_D^3} \int_0^{\nu_D} \frac{h\nu^3}{e^{h\nu/kT} - 1}\,d\nu \qquad (3.1.18)$$

Substituieren wir noch $x = h\nu/kT$, erhalten wir ohne große Rechnung:

$$U = \frac{9}{8}\,N\,k\,\Theta_D + \frac{9N\,kT^4}{\Theta_D^3} \int_0^{x_D} \frac{x^3}{e^x - 1}\,dx \qquad (3.1.19)$$

was wir, allerdings umständlicher, durch Differentiation der Zustandssumme (3.1.14) nach T und partielle Integration des erhaltenen
Ausdrucks ebenso gewonnen hätten.

Den temperaturabhängigen Teil der Inneren Energie kann man schreiben

$$U - U_0 = 3 N k T \cdot D (\Theta_D/T) \tag{3.1.20}$$

$D (\Theta_D/T)$ ist die sogenannte "Debye-Funktion"

$$3 \frac{T^3}{\Theta_D^3} \int_0^{\Theta_D/T} \frac{x^3}{e^x - 1} \, dx \tag{3.1.21}$$

Für zwei Grenzfälle kann man den Wert des Integrals exakt angeben,
dazwischen ist die Integration numerisch auszuführen.

Im Grenzfall $T \to \infty$ kann man wieder die Exponentialform im Nenner
in eine Reihe entwickeln und mit dem in x linearen Glied abbrechen.
Das verbleibende Integral liefert

$$\int_0^x \frac{x^3}{x} \, dx = \frac{1}{3} x^3 = \frac{1}{3} \frac{\Theta_D^3}{T^3}$$

Durch Einsetzen in (3.1.20) erhält man geraden den klassischen
Grenzwert

$$U - U_0 = 3 RT$$

Für den anderen Grenzfall, $T \to 0$ erstreckt sich das Integral
von 0 bis ∞ . Dieses Integral kann durch eine Reihenentwicklung
ausgewertet werden. Man erhält einen festen Grenzwert von $\pi^4/15$.
Damit verschwindet $U - U_0$ in der Nähe des abs. Nullpunkts wie T^4.

$$\lim_{T \to 0} (U - U_0) = 3 RT \frac{\pi^4}{15} \cdot \frac{T^3}{\Theta_D^3} \tag{3.1.22}$$

Auf der linken Seite ist U_o, weil nicht von der Temperatur abhängig, weggefallen. Dieser Ausdruck ist für die praktische Rechnung durchaus brauchbar, vor allem, wenn $D(\Theta_D/T)$ tabelliert vorliegen hat. Man kann die Berechnung aber noch bequemer gestalten, wenn man den Ausdruck in der Klammer zu einer neuen Funktion $\upsilon\left(\frac{\Theta_D}{T}\right)$ zusammenfaßt,

$$c_V = 3\,R\left[4\,D\left(\frac{\Theta}{T}\right) - \frac{\Theta/T}{e^{\Theta/T} - 1}\right] = 3\,R \cdot \frac{3T^3}{\Theta_D} \int\limits_0^{\Theta/T} \frac{x^4\,e^x}{(e^x - 1)^2}$$

$$c_V = 3\,R \cdot \upsilon\left(\frac{\Theta_D}{T}\right) \tag{3.1.26}$$

mit

$$\upsilon\left(\frac{\Theta_D}{T}\right) = 3\left(\frac{T}{\Theta_D}\right)^3 \int\limits_0^{\Theta_D/T} \frac{x^4\,e^x}{(e^x - 1)^2}\;dx \tag{3.1.27}$$

wie man durch partielle Integration der rechten Seite leicht bestätigt. Diese neue Funktion $\upsilon\left(\frac{\Theta_D}{T}\right)$ findet man ebenfalls in neueren Nachschlagewerken tabelliert. Allerdings ist Vorsicht bei der Benutzung von Tabellenwerten geboten, da in manchen Werken $\upsilon\left(\frac{\Theta}{T}\right)$ als "Debye-Funktion $D\left(\frac{\Theta}{T}\right)$" bezeichnet wird. Der Bequemlichkeit halber sind beide Funktionen in Tab. 18 und Tab. 19 tabelliert.

Die Entropie des festen Körpers erhält man jetzt am einfachsten aus $(U-F)/T$ zu

$$S = \frac{1}{T}\left[\frac{9}{8}\,N\,k\,\Theta_D + 3\,N\,kT\,D\,(\Theta/T) - 3\,N\,kT\,\ln\left(1 - e^{-\Theta/T}\right)\right.$$

$$\left. + N\,kT\,D\,(\Theta/T) - \frac{9}{8}\,N\,k\,\Theta_D\right]$$

$$S = R\left[4\,D\left(\frac{\Theta}{T}\right) - 3\,\ln\left(1 - e^{-\Theta/T}\right)\right] \tag{3.1.23}$$

Eben diesen Ausdruck hätte man aus der Zustandssumme zusammen mit (1.9.10) unter Beachtung der Integralumformung (3.1.16) erhalten. Letzteren Weg muß man gehen, wenn die Zustandssumme z. B. noch Kernspin-Terme enthalten hätte.

144

Von Interesse ist noch der Grenzwert der Entropie für tiefe
Temperaturen, besonders die aus Gl. (3.1.23) erkennbare Tatsache, daß die Nullpunktsenergie keinen Beitrag zur Nullpunktsentropie liefert.

$$\lim_{T\to 0} S \approx \lim_{T\to 0} D\left(\frac{\Theta}{T}\right) = 0 \qquad (3.1.24)$$

Die spezifische Wärme erhält man aus (3.1.20) durch differenzieren
nach der Temperatur:

$$c_v = 3R\left[4\,D\left(\frac{\Theta_D}{T}\right) - \frac{\Theta_D/T}{e^{\Theta_D/T} - 1}\right] \qquad (3.1.25)$$

Für den Fall tiefer Temperaturen hat das Integral in 3.1.27 einen
festen Grenzwert $4\,\pi^4/15$ und liefert für die Temperaturabhängigkeit
der spezifischen Wärme das berühmte Debye'sche T^3-Gesetz:

$$c_v \underset{T\to 0}{\to} \frac{12\,\pi^4}{5}\,N\,k\left(\frac{T}{\Theta_D}\right)^3 = 1943{,}886\left(\frac{T}{\Theta_D}\right)^3\ \text{J/mol K} \qquad (3.1.28)$$

Bei höheren Temperaturen sind die spezifischen Wärmen nach Einstein
und nach Debye nicht mehr zu unterscheiden und gehen schließlich
bei sehr hohen Temperaturen beide in den Grenzwert von Dulong-
Petit über.

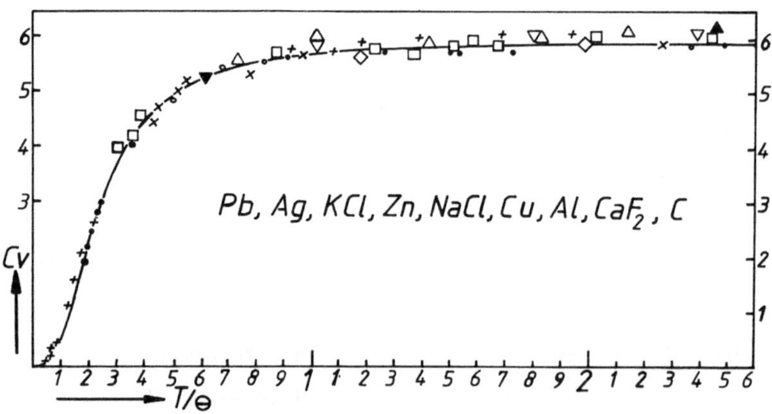

Abb. 13

Tabelle 18.

$$D\left(\frac{\Theta_D}{T}\right) = \frac{3}{x_D^3} \int_0^{\Theta_D/T} \frac{x^3}{e^x - 1}\, dx$$

gl. 3.1.21

θ/T	0,0	0,1	0,2	0,3	0,4	0,5	0,6	0,7	0,8	0,9
0,00		0,96300	0,92700	0,89200	0,85798	0,82496	0,79292	0,76186	0,73176	0,7o262
1,00	0,67441	0,64715	0,62080	0,59535	0,57079	0,54711	0,52427	0,50228	0,48110	0,46072
2,00	0,44113	0,42229	0,40419	0,38681	0,37014	0,35144	0,33879	0,32409	0,31000	0,29650
3,00	0,28358	0,27121	0,25938	0,24807	0,23725	0,22691	0,21703	0,20759	0,19857	0,18996
4,00	0,18174	0,17389	0,16640	0,15925	0,15242	0,145591	0,13970	0,13378	0,12813	0,12274
5,00	0,11760	0,11269	0,10801	0,10356	0,09930	0,09524	0,09137	0,08768	0,08415	0,08078
6,00	0,07758	0,07452	0,07160	0,06881	0,06615	0,06360	0,06118	0,05886	0,05664	0,054553
7,00	0,05251	0,05057	0,04873	0,04696	0,04527	0,04366	0,04211	0,04063	0,03921	0,03786
8,00	0,03656	0,03532	0,03413	0,03298	0,03189	0,03084	0,02983	0,02887	0,02794	0,02705
9,00	0,02620	0,025380	0,02459	0,02384	0,02311	0,02241	0,02174	0,02109	0,02047	0,01987
10,00	0,01930									
11,00										
12,00										
13,00										
14,00										
15,00										

Tabelle 19.

$$\upsilon\left(\frac{\Theta_D}{T}\right) = \frac{3}{x_D^3} \int_0^{\Theta_D/T} \frac{x^4\,e^x}{(e^x - 1)}\,dx$$

gl. 3.1.27

Θ/T	0,0	0,1	0,2	0,3	0,4	0,5	0,6	0,7	0,8	0,9
0,00		0,99950	0,99800	0,99551	0,99205	0,98761	0,98223	0,97592	0,96872	0,96064
1,00	0,95173	0,94202	0,93154	0,92034	0,90847	0,89595	0,88284	0,86919	0,85503	0,84042
2,00	0,82541	0,81003	0,79435	0,77839	0,76221	0,74585	0,72935	0,71275	0,69610	0,67942
3,00	0,66276	0,64614	0,62959	0,61315	0,59685	0,58070	0,56473	0,54897	0,53342	0,51811
4,00	0,50306	0,48827	0,47376	0,49954	0,44562	0,43200	0,41869	0,40570	0,39302	0,38066
5,00	0,36863	0,35692	0,34553	0,33446	0,32367	0,31325	0,30312	0,29329	0,28377	0,27454
6,00	0,26560	0,25694	0,24857	0,24047	0,23263	0,22506	0,21774	0,21066	0,20383	0,19723
7,00	0,19086	0,18470	0,17877	0,17304	0,16750	0,16217	0,15702	0,15205	0,14726	0,14264
8,00	0,13819	0,13389	0,12974	0,12575	0,12189	0,11817	0,11459	0,11113	0,10779	0,10457
9,00	0,10147	0,09847	0,09558	0,09280	0,09011	0,08751	0,08500	0,08259	0,08025	0,07799
10,00	0,07582	0,07372	0,07169	0,06973	0,06783	0,06600	0,06424	0,06253	0,06087	0,05928
11,00	0,05773	0,05627	0,05479	0,05339	0,05203	0,05073	0,04946	0,04823	0,04705	0,04590
12,00	0,04478	0,04370	0,04265	0,04164	0,04066	0,03970	0,03878	0,03788	0,03701	0,03616
13,00	0,03535	0,03455	0,03378	0,03303	0,03230	0,03160	0,03039	0,03024	0,02959	0,02896
14,00	0,02835	0,02776	0,02718	0,02661	0,02607	0,02553	0,02501	0,02451	0,02402	0,02354
15,00	0,02307									

c) Ermittlung der charakteristischen Temperaturen

Die beiden Ansätze zur Berechnung der spezifischen Wärme machen
von einer für den jeweiligen Stoff charakteristischen Frequenz
ν_E bzw. ν_D Gebrauch. Diese Frequenzen tauchen in den Endgleichungen
als charakteristische Temperatur Θ_E und Θ_D auf. Im Falle der Ein-
stein-Theorie handelt es sich um eine mittlere Frequenz, bei Debye
um die Abbruch-Frequenz, d. h. die höchste im Spektrum vorkommende
Frequenz. Die Debye und die Einstein-Frequenzen sind für praktische
Zwecke durch die Beziehung

$$\nu_E \approx 4/3 \; \nu_D \qquad (3.2.1)$$

verbunden. Eine Rückwärtsberechnung der Frequenzen aus gemessenen
Daten ist möglich, aber für chemische Berechnungen nur von be-
schränktem Nutzen. Wichtiger ist für diese Art der Anwendung
eine Berechnung aus unabhängigen, d. h. nicht durch thermochemi-
sche Messungen gewonnenen Daten. Hierfür haben die verschiedensten
Näherungsformeln Anwendung gefunden. Aus der Madelung-Einstein'
schen Theorie wurde zunächst abgeleitet:

$$\nu_E = 2{,}97 \cdot 10^7 \; \frac{1}{\beta^{1/2} \, \mu^{1/3} \, \rho^{1/6}} \qquad (3.2.2)$$

Hierin bedeuten β die isotherme Kompressibilität, M das Molgewicht,
ρ die Dichte. Die isotherme Kompressibilität eines festen Körpers
ist im allgemeinen sehr klein und läßt sich schlecht oder gar nicht
auf direktem Wege bestimmen.

Man kann sie jedoch über die Elastizitätstheorie aus der Messung
der Schallgeschwindigkeiten für den transversalen und die longi-
tudinalen Wellen berechnen. Es ist daher zweckmäßiger , anstelle
Gleichung (3.2.2) eine Näherungsformel zu verwenden, die unmittelbar von der Schallgeschwindigkeit Gebrauch macht. Ein solcher,
von Eucken angegebener Ausdruck für die Debye'sche Grenzfrequenz
lautet:

$$\nu_D = \bar{u} \; \sqrt[3]{\frac{3 \, N_L}{4 \pi V}} \qquad (3.2.3)$$

148

Hierin bedeuten: N_L die Loschmidt-Zahl, V das Molvolumen und $\bar{u}$
eine aus longitudinaler und transversaler Schallgeschwindigkeit
gewonnene mittlere Geschwindigkeit. Bei isotropen Körpern, auf
die wir uns hier beschränken wollen, sind die beiden transversalen Wellen gleich schnell und man gewinnt die mittlere Geschwindigkeit $\bar{u}$ aus:

$$\frac{3}{\bar{u}^3} = \frac{2}{u_{trans}^3} + \frac{1}{u_{long}^3} \tag{3.2.4}$$

Eine aus leichter erhältlichen Daten zu gewinnende Näherungsgröße
für die Grenzfrequenz hat Lindemann aus der Vorstellung hergeleitet,
daß am Schmelzpunkt die Schwingungsbewegung die Bindungsenergie
übersteigt. Daher müßte die Schmelztemperatur mit der Grenzfrequenz prinzipiell verbunden sein, da letztere ja über die Kraftkonstanten eine Funktion der Bindung darstellt. Wir wollen die
Lindemann-Formel ebenfalls ohne detaillierte Herleitung als empirische Näherungsformel betrachten.

$$\Theta_D = 134 \sqrt{\frac{T_m}{MUV^{2/3}}} \tag{3.2.5}$$

Man sieht, daß hier nur Daten verwendet werden (T_m Schmelztemperatur),
die jederzeit zugänglich sind, andererseits ist der Zusammenhang
so roh, daß man von dieser Formel keine besondere Genauigkeit erwarten kann. Ein Beispiel möge die Berechnung der charakteristischen
Temperatur nach Debye nach beiden Näherungsformel verdeutlichen:

<u>Beispiel:</u>

<u>Debye-Θ für geglühtes Kupfer</u>

1. Man findet z. B. im Handbook of Chemistry and Physics folgende
   Angaben für die Schallgeschwindigkeit:

$$u_{long} = 476000 \text{ cm/sec} \qquad u_{trans} = 232500 \text{ cm/sec}$$

Hieraus ergibt sich für $\bar{u}^3 = 1{,}782 \cdot 10^{16}$ und für $\bar{u} = 2{,}612 \cdot 10^5$
cm/sec (Gl.(3.2.4)). Mit der Loschmidt-Zahl und einem Molvolumen
von 7,124 cm erhält man aus Gleichung (3.2.3) für ν_{Debye} einen

Wert von $7,1 \cdot 10^{12} \text{sec}^{-1}$. Daraus ergibt sich mit den bekannten
Werten für h und k aus Gl. (3.2.3):

$$\Theta_D = 339,7 \text{ K}$$

Aus der Schmelztemperatur, $T_m = 1356,56$ K erhält man mit dem gleichen Molvolumen und einem Atomgewicht von 63,546 aus Gleichung (3.2.5)

$$\Theta_D = 321,77 \text{ K}$$

Ein Vergleich mit den experimentellen Daten der folgenden Tabelle:

Θ_D für Kupfer

T	14,5	17,5	23,5	27,7	beste Anpassung
Θ_D	331	325	301	314	313

zeigt, daß beide Methoden durchaus brauchbare Werte für eine Abschätzung in diesem Falle liefern. Andererseits wird, insbesondere auch wegen der Temperaturabhängigkeit von Θ_D, die sich nur aus einer vollständigen Behandlung des Kristalles nach der Gitterdynamik ergeben würde, deutlich, daß für die Berechnung der Normal- bzw. Standardentropie auf eine experimentelle Bestimmung der spezifischen Wärmen von Zimmertemperatur bis zu möglichst tiefen Temperaturen nicht verzichtet werden kann.

Im übrigen möge die Abbildung 13, Seite 144, einen Eindruck davon geben, wie gut die spezifischen Wärmen vieler Stoffe durch das hier geschilderte einfache Verfahren wiedergegeben werden können.

d) <u>Molekülkristalle</u>

Sind die Gitterpunkte eines Kristalls von abgeschlossenen Molekülen besetzt, müssen neben den Gitterschwingungen (auch "akustische Moden" genannt) noch die Schwingungen innerhalb der Moleküle berücksichtigt werden. Diese inneren Molekülschwingungen behandelt man als einen vom Gitter unabhängigen, neuen Satz von Nor-

malschwingungen, die voneinander völlig entkoppelt sind. Dies ist
natürlich, streng betrachtet, nur eine Näherung. Diese Näherung
ist deshalb erlaubt, weil die Infrarot- und Raman-Spektren zwischen
Gas - Flüssig - und Festem Zustand der Materie nur sehr wenig voneinander abweichen. Die geringe beobachtbare Verschiebung deutet
darauf hin, daß die Moleküle nur ein mittleres Feld ihrer Umgebung
"sehen", dessen Einfluß sich rund um das Molekül herausmittelt.
Zum Beispiel hat die $\nu_{12}(e_{1u})$ Schwingung des Benzols folgende
Frequenzen in den drei Aggregatzuständen:

$$\text{Gas: } 3099 \text{ cm}^{-1}; \qquad \text{Flüssig: } 3090 \text{ cm}^{-1}; \quad \text{Fest (193 K): } 3089 \text{ cm}^{-1}$$

Stärkere Verschiebungen treten auf, wenn es bei der Kondensation zur
Bildung von Dimeren und von Wasserstoffbrücken kommt. Hiervon ist
aber meist nur die Frequenz der O - H Schwingung betroffen. Zum
Beispiel ändert sich diese Schwingung bei der Essigsäure von 3570 cm^{-1}
im Gas zu einem Band bei 3080 cm^{-1} in der Flüssigkeit

Diese Verschiebungen beeinflussen aber die statistisch berechneten
thermodynamischen Funktionen nicht nennenswert: 3000 cm^{-1} entspricht
ein Θ_{vib} von 4314, damit wird bei 300 K $\Theta/T = 14{,}38$. Für 3500 cm^{-1}
ergibt sich ein Θ/T von 16,8. Geht man mit diesen Zahlen in Ta-
belle 11, Entropie, Tabelle 10, Freie Energie und Tabelle 13,
Spezifische Wärme, ein, sieht man, daß diese Verschiebung entweder vernachlässigt werden kann, weil die Absolutwerte extrem
klein sind (Entropie und Spezifische Wärme) oder weil die Funktion
in diesem Bereich nur noch sehr wenig mit Θ/T variiert (Freie Energie).
Wollte man die Änderungen der Molekülschwingungen trotzdem in Spezial-
fällen berücksichtigen, müßte man die Infrarot- bzw. Ramanspektren
im festen Zustand heranziehen.

Man kann also die Voraussetzung der Entkopplung von Gitter- und
internen Molekülschwingungen als gegeben ansehen. Damit werden die
thermodynamischen Daten additiv und ebenso die Logarithmen der Zustandssummen:

$$\ln Z_{fest} = \ln Z_{Gitter} + \ln Z_{Molek.}$$

Für die Gitterzustandssumme wird man vorzugsweise (3.1.14) verwenden und für jede einzelne Molekülschwingung einen Ausdruck (2.3.12) bzw. (2.3.20).

Leicht läßt sich noch der Einfluß der Molekülschwingungen für sehr tiefe Temperaturen abschätzen:

Hier gilt die für den Einstein'schen Ansatz bereits hergeleitete Gl (3.1.10) nach der die spezifische Wärme eines Oszillators mit $(\Theta/T)^2$ exp- $(-\Theta/T)$ gegen Null geht, wenn $T \to 0$.

Mit anderen Worten: Der Beitrag der internen Molekülschwingungen geht sehr viel schneller gegen Null, als der Beitrag der Gitterschwingungen. Daher bleibt in der Nähe des Nullpunktes der Temperaturskala das Debye'sche Gesetz voll erhalten und auch die Nullpunktsentropie wird nicht geändert.

IV. Anwendungen und Beispiele

4.1 <u>Thermodynamische Standardfunktionen</u>

a) <u>Vollständige Berechnung</u>

Kennt man alle Freiheitsgrade einer Molekel, kann man die thermodynamischen Standardfunktionen aus diesen Freiheitsgraden berechnen. Die einzige Ausnahme besteht in der willkürlichen Festsetzung
der Konstanten H^o, mit der die Bildungswärme der Elemente im Stan-
dardzustand zu Null gemacht wird.

<u>Beispiel</u>: Sauerstoff

Entropie bei 298,16 K und 1 at = 101,3 Pa = 1013 mb
Translation:

Unter Verwendung von Gl (1.7.4) erhält man

$$S_{translation} = 8,3144 \, (4,44607 + 1,5 \ln 32 + 1,5 \ln 298,16)$$
$$= 151,248$$

Rotation:
Mit der Rotationskonstanten B aus Herzberg "Diatomic Molecules",
B = 1,44567 erhält man zunächst die charakteristische Rotations-
temperatur Θ_{rot}:

$$\Theta_{rot} = 1,4388 \times 1,44567 = 2,0800 \text{ grad K}$$

Daraus:
$$S_{rot} = 8,3144 \, (\ln T/2 \, \Theta_{rot} + 2/2)$$
$$= 8,3144 \, (4,2721 + 1)$$
$$= 43,8344$$

Schwingung:
Als zweiatomiges Molekül besitzt O_2 nur eine Normalschwingung mit
Θ_{vib} nach (Tabelle 14) 2273 K. Das ergibt einen Schwingungsbeitrag
zur Entropie von 0,0042 J/mol grad, auf die verzichtet werden kann.

Elektronischer Beitrag:

Der Grundzustand des Sauerstoff-Moleküls ist ein Triplettzustand $^3\Sigma_g$, daraus folgt eine Nullpunktsentropie von R ln 3 = 9,134 J/mol grad. Der erste angeregte Elektronenzustand liegt rund 8000 cm^{-1} über dem Grundzustand. Er trägt, weil 1 $cm^{-1} \approx 12$ J und exp.(- 38,6) $\approx 2 \cdot 10^{-17}$, d.h. nichts zur Entropie bei.

Damit ergibt sich für die Standardentropie des Sauerstoffs:

$$S_{298,16} = 151,248 + 43,8344 + 9,134 + 0,0042$$
$$= 204,22 \text{ J/mol grad}$$

Die Abweichung zum "Recommended Value" 205,03 $\pm$ 0,033 im Betrage von 0,4 % ist darauf zurückzuführen, daß letzterer für das natürliche Isotopenverhältnis gilt, während wir hier nur mit dem reinen Isotop 16 gerechnet haben.

Standardenthalpie H^0 (298,15) - H^0

Translation und Rotation sind voll angeregt. Beide zusammen liefern einen Beitrag von 7/2 RT = 8676,575 J/ mol, dazu tritt der Schwingungsanteil nach Gl (2.3.12) mit Θ = 2273. Man erhält für diesen Anteil

$$U_{vib} (298,15) = 9,2434 \text{ J/mol}$$

Zusammen ergibt sich

$$H^0 (298,15) = 8685,82$$

in Übereinstimmung mit dem "Recommended Value" von 8682 $\pm$ 4 J/mol. (Codata Bulletin, Nr. 10). Der Anteil der Nullpunktsenergie ist in H^0 einbezogen.

Eine Berücksichtigung der Abweichungen vom idealen Gasgesetz ist nicht erforderlich, da hier beim Standarddruck gerechnet wurde, wo die entsprechenden Beiträge verschwinden (siehe Gl. 2.1.30).

b) Abschätzung der Standardentropie eines größeren Moleküls aus vereinfachten Modellen

Häufig kommt es vor, daß weder ausreichende Daten thermodynamischer noch spektroskopischer Natur zur Berechnung eines Gleichgewichtes zur Verfügung stehen. Einfache Strukturdaten und allenfalls die Verbrennungswärme reichen in solchen Fällen aus, eine brauchbare Abschätzung der thermodynamischen Standardfunktionen vorzunehmen, mit denen zum Beispiel Gleichgewichte immer noch besser berechnet werden können, als man sie mit vertretbarem Aufwand messen könnte.

Beispiel: Pyridin C_5H_5N

Es handelt sich um ein dreiachsiges Molekül der Symmetrie C_{2v}, 3N − 6 = 27 Normalschwingungen, keine innere Rotation und einem Singulett-Grundzustand. (Herzberg gibt die genauen spektroskopischen Daten an, die aber bei unserer Rechnung nur zum Vergleich herangezogen werden sollen.)

Translation

Mit dem gerundeten Molgewicht 79 ergibt sich

$$S_{trans} = 8,3144 \ (4,445 + 3/2 \ \ln 79 + \ln 298,15)$$
$$= 162,51 \ \text{J/mol grad}$$

Rotation

Für die Berechnung der Rotationsentropie legen wir ein vereinfachtes Molekülmodell zugrunde: Kohlenstoff und Stickstoff befinden sich in den Ecken eines regulären Sechsecks, d. h. sie liegen auf einem Kreis mit dem Radius des Eckenabstandes, für den wir weiter vereinfachend den Wert des Benzols, 1,4 A ansetzen. Die Wasserstoff-Atome liegen dann auf einem Kreis, dessen Radius um 1,08 A größer ist, also 2,48 A beträgt. Die Verbindungslinie C - H soll mit dem Kreisradius zusammenfallen.

Unter diesen vereinfachenden Annahmen ist die Berechnung der Atomkoordinaten sehr einfach und mit einem Taschenrechner, der Polar- in kartesische Koordinaten umwandeln kann, in wenigen Minuten durchzuführen:

Atom	r	Ø	x	y	M	x˜	y˜
C_1	1,4	0	1,4	0	12	1,352	- 0,03
C_2	1,4	60	0,7	1,212	12	0,652	1,181
C_3	1,4	120	- 0,7	1,212	12	- 0,748	1,181
C_4	1,4	180	- 1,4	0	12	- 1,448	- 0,03
O_5	1,4	240	- 0,7	- 1,212	12	- 0,748	- 1,243
N	1,4	300	0,7	- 1,212	14	0,652	- 1,243
H_1	2,41	0	2,41	0	1	2,362	- 0,03
H_2	2,41	60	1,205	2,09	1	2,362	2,06
H_3	2,41	120	- 1,205	2,09	1	- 1,253	2,06
H_4	2,41	180	- 2,41	0	1	- 2,485	- 0,03
H_5	2,41	240	- 1,205	-2,09	1	- 1,253	- 2,121

Hier sind zunächst die Polarkoordinaten der Atome, r und Ø angeführt, dann die daraus errechneten rechtwinkligen Koordinaten.
Aus diesen und der in der nächsten Spalte angegebenen Masse wurde
dann der Schwerpunkt berechnet und die Schwerpunktskoordinaten
von den Koordinaten der Spalten 4 und 5 abgezogen. Damit ergeben
sich die auf den Schwerpunkt bezogenen Koordinaten x˜ und y˜.

Mit diesen Koordinaten wird jetzt der Trägheitstensor (siehe S. 77)
berechnet. Man erhält

$$\begin{vmatrix} 91,15 & - 1,579 & 0 \\ - 1,579 & 81,40 & 0 \\ 0 & 0 & 174,125 \end{vmatrix} = 1291579,3 = J_1 \cdot J_2 \cdot J_3 \quad \text{const.}$$

Da in Molgewichten und Angström gerechnet wurde, lautet die
Konstante $(1{,}66 \cdot 10^{-24} \cdot (10^{-8})^2)^3 = 4{,}574 \cdot 10^{-120}$.
Mit der Symmetriezahl 2 erhalten wir aus den Trägheitstensor zu-
nächst die Rotationstemperatur

$$\Theta_{rot} = 0{,}222$$

und für die Zustandssumme der Rotation

$$\ln Z_{rot} = \ln \frac{\pi^{1/2} T^{3/2}}{2 \, \Theta_{rot}^{3/2}} = 10{,}6833$$

Daraus folgt schließlich unter Beachtung der Tatsache, daß drei Rotationsfreiheitsgrade angeregt sind für die Entropie S_{rot}:

$$S_{rot} = 8{,}3144 \, (10{,}6832 + 1{,}5)$$

$$= 101{,}3 \; J/grad \; mol$$

Zum Vergleich kann man hier die Rotationstemperatur aus spektroskopischen Daten berechnen:

Herzberg gibt für die drei Rotationskonstanten folgende Werte:

$$A = 0{,}201; \quad B = 0{,}1936; \quad C = 0{,}0987$$

Daraus folgt für die Rotationstemperatur:

$$\Theta_{rot}(spektr.) = 0{,}2257$$

$$\ln Z_{rot} = 10{,}6585 \quad , \quad \delta \approx 25 \ \%$$

Unser vereinfachtes Modell liefert also eine überraschende Übereinstimmung mit den genauen Daten.

Schwingungen

Für die Abschätzung des Schwingungsbeitrages zur Entropie verwenden wir die grobe Zerlegung der Normalschwingungen nach dem Verfahren von Benson: (siehe Beispiel S. 122)

Mit einem programmierbaren Taschenrechner kann man die Beiträge zur Entropie berechnen, ohne jedesmal die einzelnen Schritte der Rechnung wiederholen zu müssen. Man erhält die folgenden Werte:

Anzahl	cm^{-1}	S_{vib}
5	3100	0
2	1650	0,052
2	1000	0,785
1	1590	0,034
1	964	0,453
5	1150	1,066
5	700	6,413
3	420	11,206
2	405	7,910
1	420	3,725
Summe		31,653

Kompressionsanteil

Der Dampfdruck des Pyridins beträgt bei 298 K rund 20 Torr.
Damit berechnet sich der Kompresssionsteil der Entropie zu

$$- R \ln 20/760 \;=\; 30,244$$

Standardentropie des Pyridins

$$S \;=\; S_{trans} + S_{rot} + S_{vib} + R \ln p/p^{+}$$
$$= \; 162,51 + 101,3 + 31,65 + 30,24$$
$$= \; 325,7 \; J/mol \; grad$$

Landolt-Börnstein gibt als Standardentropie den Wert 282,8 an.
Wir haben also mit allen Abschätzungen eine Genauigkeit von
~ 15 % erreicht. Ein Teil des Fehlers beruht außerdem auf der
groben Schätzung des Dampfdruckes, die bei Bedarf leicht verbessert werden kann.

4.2 Die Berechnung von Gleichgewichten

a) K_p und K_c

Die Herleitung der Gleichgewichtskonstanten K_c und K_p aus
statistischen Überlegungen geht stets von der thermodynamischen Gleichgewichtsbedingung aus, die wir hier für die folgende Reaktion anschreiben wollen:

$$\nu_A\, A + \nu_B\, B \;\rightleftharpoons\; \nu_C\, C + \nu_D\, D$$

Sie lautet für T = const., V = const.

$$- \nu_A\, \mu_A - \nu_B\, \mu_B + \nu_C\, \mu_C + \nu_D\, \mu_D = 0 \qquad (4.2.1)$$

Es bedeuten darin ν_A, ν_B die stöchiometrischen Koeffizienten, also
kleine ganze Zahlen, μ_A, μ_B die chemischen Potentiale der Substanzen A, B ...

Die chemischen Potentiale setzen sich additiv (ideales Gas) aus den
Beiträgen der Translation, der Schwingungen, der Rotation usw. zusammen, die sich für jeden Freiheitsgrad als Funktion der Zustandssumme ermitteln lassen. Die Zustandssummen treten in den chemischen
Potentialen als Logarithmen auf,·so daß sich für die absoluten Aktivitäten $a_i = e^{\mu_i/kT}$ Produkte von Zustandssummen ergeben. Einer
besonderen Überlegung bedarf es nur für den Freiheitsgrad der Translation, der bei einatomigen Reaktionsteilnehmern der einzigen Beitrag stellt. Wegen der Nichtunterscheidbarkeit chemisch gleicher
Moleküle muß die Translation nach der Bose-Einstein Statistik berechnet werden.

$$\mu_{trans} = - kT \ln B$$

Für mehratomige Moleküle kann man das korrekte chemische Potential
so anschreiben:

$$\mu = - kT \ln B \cdot Z_{vib} \cdot Z_{rot}\, Z_{el} \qquad (4.2.2)$$

Vergleicht man nun den Ausdruck für B in (1.6.31) mit der
klassischen Zustandssumme der Translation in (2.1.4)

$$B = \left(\frac{2\pi mkT}{h^2}\right)^{3/2} \cdot \frac{V}{\bar{N}} \quad , \quad Z_{trans} = \left(\frac{2\pi mkT}{h^2}\right)^{3/2} V \qquad (4.2.3)$$

so erkennt man, daß man für B auch schreiben kann:

$$B = \frac{Z_{trans}}{N}$$

Wenn wir nun Z_A, Z_B usw. für das jeweilige Produkt der einzelnen
Zustandssummen über alle Freiheitsgrade der Molekeln A, B, C und
D schreiben, erhalten wir für das chemische Potential einer
Substanz A:

$$\mu_A = - kT \ln \frac{Z_{trans}}{N_A} \cdot Z_{vib} \cdot Z_{rot} \, Z_{el} = - kT \ln \frac{Z_A}{N_A}$$

Sinngemäß folgen auch die Potentiale für alle anderen Substanzen
und die Gleichgewichtsbedingung (4.2.1) geht über in:

$$- \nu_C \, kT \ln \frac{Z_C}{N_C} - \nu_D \, kT \ln \frac{Z_D}{N_D} + \nu_A \, kT \ln \frac{Z_A}{N_A} + \nu_B \, kT \ln \frac{Z_B}{N_B} = 0$$

oder

$$\ln \frac{Z_C^{\nu_C} Z_D^{\nu_D}}{Z_A^{\nu_A} Z_B^{\nu_B}} = \ln \frac{N_C^{\nu_C} N_D^{\nu_D}}{N_A^{\nu_A} N_B^{\nu_B}}$$

bzw.

$$\frac{Z_C^{\nu_C} Z_D^{\nu_D}}{Z_A^{\nu_A} Z_B^{\nu_B}} = \frac{N_C^{\nu_C} N_D^{\nu_D}}{N_A^{\nu_A} N_B^{\nu_B}} \qquad (4.2.4)$$

Wenn wir nun auf beiden Seiten die Werte für jede Substanz durch
das Systemvolumen V dividieren, ändert sich nichts an dem Ausdruck für das Gleichgewicht, aber wir bekommen auf der rechten
Seite einen leicht zu interpretierenden Ausdruck: Es handelt sich
um die Gleichgewichtskonstante K_c mit den Konzentrationen c in

Molekülen pro Volumen und die linke Seite ist eine Vorschrift
für ihre statistische Berechnung:

$$K_C = \frac{[C]^{\nu_C}\,[D]^{\nu_D}}{[A]^{\nu_A}\,[B]^{\nu_B}} = \frac{\left(\dfrac{Z_C}{v}\right)^{\nu_D}\left(\dfrac{Z_D}{v}\right)^{\nu_D}}{\left(\dfrac{Z_A}{v}\right)^{\nu_D}\left(\dfrac{Z_B}{v}\right)^{\nu_D}} \tag{4.2.5}$$

Eine Anmerkung zur Rolle der elektronischen Zustandssumme: Translation,Rotation und Schwingung haben wohldefinierte Nullpunkte für
die Energie, solange keine chemischen Reaktionen im System auftreten. Das ist hier aber gerade der Fall. Mit der Reaktion einer
Molekel sind aber Änderungen ihrer Bindungsenergie verbunden, die
in den obigen Gleichungen noch nicht enthalten sind, dadurch haben
in unserer Rechnung die einzelnen beteiligten Moleküle verschiedene
Energieskalen. Dieser Unterschied in der Skala kann auf verschiedene
Weise berücksichtigt werden. Ein besonders für Dissoziationsgleich-
gewichte geeignetes Verfahren besteht darin, daß man z.B. denjenigen
Zustand zum gemeinsamen Energienullpunkt wählt, in dem alle
Substanzen in ihre Atome dissoziiert sind. Die Energie des Grundzustandes beträgt dann $- D_e$, wenn D_e die Dissoziationsenergie bedeutet. Die elektronische Zustandssumme lautet dann:

$$Z_{el} = g_{el}\, e^{D_e/kT} . \tag{4.2.6}$$

wenn keine weiteren Terme wegen Aufspaltung hinzukommen.

Für Gasreaktionen ist meistens die Gleichgewichtskonstante bei konstantem Druck interessanter. K_p kann man auf folgendem Wege herleiten:

Wieder gelte die Gleichgewichtsbedingung (4.2.1). Aus (2.1.27) entnehmen wir für das chemische Potential die Form:

$$\mu(P) = - RT \cdot \frac{5}{2} \circ \ln \frac{T}{\Theta_{tr}} + RT \ln \frac{P}{p^+} \tag{4.2.7}$$

Einsetzen in (4.2.1) und dividieren durch RT liefert

$$- \nu_C \ln \left(\frac{T}{\Theta_C}\right)^{5/2} - \nu_D \ln \left(\frac{T}{\Theta_D}\right)^{5/2} + \nu_A \ln \left(\frac{T}{\Theta_A}\right)^{5/2} + \nu_B \ln \left(\frac{T}{\Theta_B}\right)^{5/2} +$$

$$+ \nu_A \ln \frac{P_A}{p^+} + \nu_B \ln \frac{P_B}{p^+} - \nu_C \ln \frac{P_C}{p^+} - \nu_D \ln \frac{P_D}{p^+} = 0 \tag{4.2.8}$$

162

wobei p^+ den Standard-Druck und Θ_{trans} die charakteristische Temperatur der Translation nach (2.1.19) bedeuten. Umordnen liefert leicht:

$$\ln K_p = \ln \frac{\left(\dfrac{P_C}{p^+}\right)^{\nu_C} \left(\dfrac{P_D}{p^+}\right)^{\nu_D}}{\left(\dfrac{P_A}{p^+}\right)^{\nu_A} \left(\dfrac{P_B}{p^+}\right)^{\nu_B}} = \ln \frac{\left(\dfrac{T}{\Theta_C}\right)^{5/2\,\nu_C} \left(\dfrac{T}{\Theta_D}\right)^{5/2\,\nu_D}}{\left(\dfrac{T}{\Theta_A}\right)^{5/2\,\nu_A} \left(\dfrac{T}{\Theta_B}\right)^{5/2\,\nu_B}}$$

$$(4.2.9)$$

Anstelle dieser Form kann man auch schreiben:

$$\ln K_p = \frac{5}{2} \ln \frac{\Theta_A^{\nu_A} \; \Theta_B^{\nu_B}}{\Theta_C^{\nu_C} \; \Theta_D^{\nu_D}} \tag{4.2.10}$$

(In (4.2.9) und (4.2.10) sind der Übersichlichkeithalber nur die Translations-Zustandssummen angeschrieben, die für tatsächliche Rechnungen noch durch die Zustandssumme der übrigen Freiheitsgrade zu ergänzen sind.)

Vergegenwärtigen wir uns die Bedeutung von $(T/\Theta_{ts})^{5/2}$ durch explizites Anschreiben der einzelnen Faktoren:

$$\frac{T}{\Theta_{ts}}^{5/2} = \frac{(2\pi m)^{3/2}}{h^3\, p^+} \cdot k^{5/2}\, T^{5/2} \qquad \text{und}$$

vergleichen mit $\dfrac{(2\pi mkT)^{3/2}}{h^3} \; kT = \dfrac{Z_{trans}}{V} \cdot kT$

so erkennt man leicht, daß die rechte Seite von (4.2.9) lautet:

$$K_p = \frac{\left(\dfrac{Z_C}{V}\right)^{\nu_C} \left(\dfrac{Z_D}{V}\right)^{\nu_D}}{\left(\dfrac{Z_A}{V}\right)^{\nu_A} \left(\dfrac{Z_B}{V}\right)^{\nu_B}} \cdot \left(kT\right)^{(\nu_C + \nu_D - \nu_A - \nu_B)} \tag{4.2.11}$$

Der Quotient ist aber nichts anderes als K_c aus (4.2.5), so daß wir die aus der Thermodynamik wohlbekannte Beziehung

$$K_p = K_c\, (kT)^{\Delta \nu}$$

wiederfinden. Es sei noch darauf hingewiesen, daß laut (4.2.9) und
(4.2.11) die Gleichgewichtskonstante bei korrekter Rechnung, d.h.
unter Berücksichtigung der Standarddrücke, eine dimensionslose
Zahl ist, wie es sein muß.

b) Beispiel: Dissoziation des Sauerstoffs

Wir fragen nach dem Anteil freier O-Atome in Sauerstoff von 1 at
Totaldruck bei 2000 K. Die für das Gleichgewicht bestimmende Reaktion ist:

$$O_2 \rightleftarrows 2\,O$$

Dazu gehört die Gleichgewichtskonstante K_p nach (4.2.11)

$$K_p = \frac{\left(\dfrac{Z_0}{V}\right)^2}{\left(Z_{02}/V\right)}$$

Das Sauerstoff-Atom hat einen Triplett-Grundzustand mit den Entartungen 5, 3, 1; zu $^3P_1$ gehören 158,5 cm^{-1}, g = 3, zu $^3P_0$ gehören
226,5 cm^{-1} und g = 1, zu $^3P_2$ nur g = 5. Damit ergibt sich für
(Z_0/V):

$$\frac{Z_0}{V} = \frac{(2\pi \cdot 16 \cdot 1,66 \cdot 10^{-24} \cdot 1,38 \cdot 10^{-16} \cdot 2 \cdot 10^3)^{3/2}}{(6,626 \cdot 10^{-27})^3} \times$$

$$\times \left[5 + 3 \cdot e^{\frac{-158,5}{0,695 \cdot 2000}} + 1 \cdot e^{-\frac{226,5}{0,695 \cdot 2000}} \right]$$

$$= 9,166 \cdot 10^{27}$$

und $\ln \dfrac{Z_0}{V} = 64{,}3853$

Das Sauerstoffmolekül hat eine charakteristische Rotationstemperatur (siehe Standardfunktionen) von 2,08 K, eine charakteristische Schwingungstemperatur von 2273 K (Tabelle 14), einen $^3\Sigma$
Grundzustand, der nicht aufgespalten ist, g = 3. Über dem Grund-

zustand liegt ein erster angeregter Zustand, $^1\Delta$, mit $g = 3$ und $7900\ \text{cm}^{-1}$. Dieser Zustand wirkt sich wegen der hohen Temperaturen immerhin in der zweiten Dezimale aus und sollte hier mitgenommen werden. Die Dissoziationsenergie beträgt 493300 J/mol.

Im einzelnen erhalten wir für Z_{O_2}/V:

$$\frac{Z_{O_2}}{V} = \frac{\left(2\pi \cdot 32 \cdot 1{,}66 \cdot 10^{-24} \cdot 1{,}38 \cdot 10^{-16} \cdot 2 \cdot 10^3\right)^{3/2}}{\left(6{,}626 \cdot 10^{-27}\right)^3} \ \times$$

$$\times \ \frac{2000}{2 \cdot 2{,}08} \ \times \ \frac{1}{1 - e^{-\frac{2273}{2000}}} \ \times \ e^{-\frac{2273}{2 \cdot 2000}}$$

$$\times \ \left(1 + 5 \cdot e^{-\frac{7900}{0{,}695 \cdot 2000}}\right) \ \times \ e^{\frac{493300}{8{,}3144 \cdot 2000}} \ =$$

$$\frac{Z_{O_2}}{V} = \ 2{,}81 \cdot 10^{43}$$

und $\quad \ln \dfrac{Z_{O_2}}{V} = \ 100{,}04$

Für K_p ergibt sich

$$K_p = \frac{\left(9{,}166 \cdot 10^{27}\right)^2}{2{,}81 \cdot 10^{43}} \cdot (1{,}38 \cdot 10^{-16} \cdot 2000) \ = \ 0{,}825$$

Ferner ergibt sich, weil $K_p = \dfrac{P_O^2}{P_{O_2}}$ und $P_O + P_{O_2} = 1$

$$P_O^2 + \sqrt{0{,}825} \cdot P_O - \sqrt{0{,}825} = 0$$

eine quadratische Gleichung für p_O, die $p_O = 0{,}601$ liefert und schließlich

$$P_{O_2} = 0{,}4 \text{ at}$$

Wie man unmittelbar erkennt, hängt die Genauigkeit des Ergebnisses von der Genauigkeit der Dissoziationsenergie im Z_{O_2} ab, deren Fehler sogar exponentiell eingeht.

Für die meisten Anwendungen der statistischen Verfahren zur Berechnung von Gleichgewichtskonstanten wird man aber ein, wenn auch
nur formal anderes, Verfahren wählen, welches den Vorteil hat, das in
den thermodynamischen Standard-Tabellen gespeicherte Material heranziehen zu können und welches die gewohnte Normierung der thermodynamischen Enthalpieskala (Bildungswärme der Elemente im Standardzu-
stand = 0) beizubehalten gestattet.

c) <u>Absolute Aktivitäten, das Wassergas-Gleichgewicht</u>

Da die innere Energie durch den ersten Hauptsatz der Thermodynamik nur differentiell definiert ist, lassen sich die inte-
gralen Werte für U und H nur bis auf eine beliebige additive
Konstante angegeben.Die Entropie dagegen ist durch die Boltz-
mann-Beziehung $S = k \ln W$, die hier den sogenannten dritten
Hauptsatz vertritt, auch als integrale Größe angebbar.

Tabellen der thermodynamischen Standard-Daten sind dadurch gekennzeichnet, daß die beliebige additive Konstante so gewählt wird,
daß die Energie bzw. Enthalpie der Elemente in ihrem stabilsten
Zustand bei der Standardtemperatur (meist 298,16 K) gleich Null
wird. In der Statistik ergibt sich natürlich auch für ein Element
bei der Standardtemperatur eine von Null verschiedene Enthalpie
bzw. Energie, aus den Anteilen der Translation, der Rotation und
der Schwingungen.

Da diese statistisch berechenbaren Anteile für gasförmige Elemente
wegen deren unterschiedlicher Masse naturgemäß verschieden aus-
fallen müssen, wird deutlich, daß in den thermodynamischen Standardwerten, die alle Enthalpien der Elemente gleich Null setzen, noch
eine weitere willkürliche Konstante enthalten ist. Diese Konstante
entspricht einer Enthalpie am absoluten Nullpunkt und ist daher
bereits bei der Erörterung der Translations-Funktionen als H^O
bezeichnet worden.

Berechnet man nun Reaktionsenthalpien einmal aus thermodynamischen
Tafeln und zum anderen aus der Statistik, so werden sich die beiden
Daten durch die Unterschiede der H^O-Werte,also durch eine fiktive
Reaktionsenthalpie am absoluten Nullpunkt unterscheiden.

Die thermodynamisch definierte Enthalpie einer Substanz bei der
Temperatur T hängt nach dem vorstehend gesagtem mit der statistisch
berechneten Enthalpie bei der gleichen Temperatur wie folgt zusammen:

$$H_m(T) = H^O + H(T)_{trans} + H(T)_{rot} + H(T)_{vib} + \cdots$$

$$H_m(T) - H^O = \frac{7}{2} RT + \Sigma \; \frac{R \; \Theta_{vib}}{e^{\Theta_{vib}/T} - 1} \qquad \text{für zweiachsige Molekel}$$

$$H_m(T) - H^O = \frac{8}{2} RT + \Sigma \; \frac{R \; \Theta_{vib}}{e^{\Theta_{vib}/T} - 1} \qquad \text{für dreiachsige Molekel} \tag{4.2.12}$$

(Summation über alle Normalschwingungen)

Die Statistik liefert also die Differenz von thermodynamischer Enthalpie $H_m(T')$ und der willkürlich festgelegten Nullpunktsenthalpie H^O.

Für die Entropien taucht diese Schwierigkeit nicht auf, da die
Thermodynamik hier durch den dritten Hauptsatz den gleichen Nullpunkt für die Entropie wählt, wie ihn die Statistik ergibt: Der
ideal geordnete, isotopenreine Festkörper hat am absoluten Nullpunkt nach dem dritten Hauptsatz die Entropie 0, während in der
Statistik für einen solchen Körper nur das statistische Gewicht 1
in Frage kommt, d. h. $S = k \ln W = k \ln 1 = 0$.

Für die Berechnung von Gleichgewichten ist es jetzt zweckmäßig,
diese über die Aktivitäten zu formulieren:

Wegen $a_i = e^{\frac{\mu}{RT}}$ (Definition der "abs. Aktivität") erhält man aus (4.2.1)

$$- \nu_A \, RT \, \ln a_A - \nu_B \, RT \, \ln a_B + \nu_C \, RT \, \ln a_C + \nu_D \, RT \, \ln a_D = 0$$

und, wenn man wieder die Druckabhängigkeit von μ_i berücksichtigt,
wegen

$$\mu_i(p) = \mu_i^+ + RT \ln \frac{P}{p^+} \longrightarrow a_i = a_i^+ \cdot \frac{P_i}{p^+}$$

$$\ln K_p = \ln \frac{\left(a_A^+\right)^{\nu_A} \left(a_B^+\right)^{\nu_B}}{\left(a_C^+\right)^{\nu_C} \left(a_D^+\right)^{\nu_D}} \tag{4.2.13}$$

Der Zusammenhang der nach Statistik und der thermodynamisch berechneten Aktivitäten ergibt sich wie folgt:

$$\text{Da} \quad \left.\frac{\partial F}{\partial n_i}\right|_{T,V,n_j} = \mu_i \qquad \text{und} \qquad F_i = - n_i \, RT \, \ln Z_i$$

folgt einerseits $\mu_i = - RT \ln Z_i$ und

$$a_i = e^{\frac{\mu_i}{RT}} = \frac{1}{Z_i} \tag{4.2.14}$$

(wenn Z_i die Zustandssumme für <u>alle</u> Freiheitsgrade der Substanz i bedeutet).

Speziell für ein einatomiges ideales Gas also:

$$a_i = \left(\frac{\Theta_{trans}}{T}\right)^{5/2} \tag{4.2.15}$$

Für einen vom Standarddruck p^+ abweichenden Druck p_i ist zu ergänzen:
$\mu(p) = - RT \ln Z + RT \ln p/p^+$, womit man für die Aktivität erhält:

$$a_i(P) = \left(\frac{\Theta_{trans_i}}{T}\right)^{5/2} \frac{P_i}{p^+} \tag{4.2.16}$$

Ergänzen kann man bei Bedarf die Virialglieder, die in Abschnitt (II.1) angegeben sind.

Folgen wir der thermodynamischen Formulierung, so haben wir zunächst

$$\mu \equiv G_m = H_m - T \, S_m$$

Durch Berücksichtigung der Nullpunktsenthalpie, wie oben, ergibt sich im ersten Schritt:

$$\mu - H^O = \underbrace{H_{statistisch} - T \, S_m}_{\mu_{statistisch}} = - RT \ln Z \tag{4.2.17}$$

und für die absolute Aktivität folgt

$$a_i = e^{\frac{H^O}{RT}} \left(\frac{\Theta_{tr,i}}{T}\right)^{5/2} \frac{P}{p^+} = e^{\frac{H^O}{RT}} \cdot e^{-\ln Z_i} \tag{4.2.18}$$

168

Der Übergang vom einatomigen idealen Gas zu mehratomigen Gasen erfolgt einfach durch Zufügen von Faktoren, die je dem Kehrwert der Zustandssummen der Rotation, der Schwingung und evtl. der Zustandssumme der elektronischen Zustände entsprechen.

Für die Rechnung verwendet man gern die logarithmische Form

$$\ln a_i = \frac{H^o}{RT} - \Sigma \ln Z \quad \text{bzw.} \quad - \ln a_i + \frac{H^o}{RT} = \Sigma \ln Z \qquad (4.2.19)$$

wobei die Summe über alle in Frage kommenden Freiheitsgrade zu erstrecken ist.

Der Gang der Rechnung wird am besten aus einem Beispiel deutlich:

Wir betrachten die Wassergas-Reaktion

$$CO + H_2O \rightleftarrows CO_2 + H_2$$

Für diese Reaktion lautet die Gleichgewichts-Konstante nach (4.2.13)

$$K_p = \frac{P_{CO_2} P_{H_2}}{P_{CO} P_{H_2}} = \frac{a^+_{CO} \cdot a^+_{H_2O}}{a^+_{CO_2} \cdot a^+_{H_2}}$$

Für den Logarithmus ergibt sich

$$\ln K_p = - \ln a^+_{CO_2} - \ln a^+_{H_2} + \ln a^+_{CO} + \ln a^+_{H_2O}$$

Aus den Gleichungen (4.2.12) bis (4.2.19) ist ersichtlich, daß man zu einer bequemen Rechenweise gelangt, wenn man die Logarithmen der Aktivitäten durch Addition des jeweiligen H^o-Wertes ergänzt, und vom Gesamtausdruck die Summe dieser Ergänzungen wieder abzieht. Man erhält dann:

$$\ln K_p = + \left(- \ln a^+_{CO_2} + \frac{H^o_{CO_2}}{RT} \right)$$

$$+ \left(- \ln a^+_{H_2} + \frac{H^o_{H_2}}{RT} \right)$$

$$- \left(- \ln a^+_{CO} + \frac{H^o_{CO}}{RT} \right)$$

$$- \left(- \ln a^{+}_{H_2O} + \frac{H^{+}_{H_2O}}{RT} \right)$$

$$+ \frac{H^{O}_{CO} + H^{O}_{H_2O} - H^{O}_{CO_2} - H^{O}_{H_2}}{RT} \tag{4.2.20}$$

Hier können die Klammerausdrücke wegen (4.2.19) unmittelbar berechnet werden. Die letzte Zeile $\Delta H^O/RT$, muß aus thermodynamischen Standardwerten ermittelt werden.

$$\frac{H^{O}_{CO} + H^{O}_{H_2O} - H^{O}_{CO_2} - H^{O}_{H_2}}{RT} \equiv \frac{\Delta H^O}{RT}$$

Identisch mit der Formulierung sind die sich aus den vorher angegebenen Beziehungen ergebenden Formen für den Logarithmus der Gleichgewichtskonstanten: Aus (4.2.19) folgt

$$\ln K_p = \ln Z_{CO_2} + \ln Z_{H_2} - \ln Z_{CO} - \ln Z_{H_2} + \frac{\Delta H^O}{RT} \tag{4.2.22}$$

mit dem $\Delta H^O/RT$ aus (4.2.20). Weiter folgt:

$$\ln K_p = - \frac{\mu_{CO_2}}{RT} - \frac{\mu_{H_2}}{RT} + \frac{\mu_{CO}}{RT} + \frac{\mu_{H_2O}}{RT}$$

wobei die Nullpunktsenthalpien in μ enthalten sind. Schließlich kann man wegen $\mu \equiv G_m$ die aus der Thermodynamik geläufige Form

$$\ln K_p = \frac{- G_m(CO_2) - G_m(H_2) + G_m(CO) + G_m(H_2O)}{RT} \equiv - \frac{\Delta G}{RT}$$

erhalten.

Man berechnet nun zunächst die Werte für die charakteristischen Temperaturen. Für die Wassergas-Reaktion ergibt sich die Tabelle auf Seite 170.

Nun werden zunächst die Werte für die Bestimmung von ΔH^O bei der Standardtemperatur, 298,16 K ermittelt. Dies gestaltet sich einfach, weil bei der Berechnung der Enthalpien die Freiheitsgrade der Rotation und der Translation als voll angeregt angesehen werden dürfen.

Tabelle der Moleküldaten für die Wassergas-Reaktion

| Substanz | | Translation | Rotation | | | | | Schwingungen | Bemerkung |
| | | | Rotationskonstanten | | | | | | |
	M	Θ_{tr} aus (2.1.19)	A	B	C	Θ_{rot} aus (2.2.14)		Θ_{vib} aus (Tab. 14, 15, 16)	
CO	28	$263{,}7 \cdot 10^{-3}$	-	1,931	-	2,74	1	3120	
CO_2	44	$133{,}86 \cdot 10^{-3}$	-	0,390	-	0,56	2	960,960 2000,3380	zweiachsig
H_2	2	13,81	-	60,80	-	85	2	5980	
H_2O	18	$511{,}6 \cdot 10^{-3}$	27,877	14,512	9,285	22,2	2	2290, 5250 5400	dreiachsig

Es ergibt sich:

$$\underline{CO_2} : (H_m - H^O) = \frac{7}{2} RT + R \sum \frac{\Theta_{vib}}{e^{\Theta_{vib}/T} - 1}$$

$$= 8676,575 + \left(2 \cdot \frac{960}{e^{\frac{960}{298}} - 1} + \frac{2000}{e^{\frac{2000}{298}} - 1} + \frac{3380}{e^{\frac{3380}{298}} - 1} \right) \cdot R$$

$$= 9361,795 \ J/mol$$

$$\underline{H_2} : (H_m - H^O) = \frac{7}{2} RT + R \frac{5980}{e^{\frac{5980}{298}} - 1}$$

$$= 8676,575 \quad (+ \ 0,0001) \ J/mol$$

$$\underline{CO} : (H_m - H^O) = 8676,575 + 0,736$$

$$= 8677,311 \quad J/mol$$

$$\underline{H_2O} : (H_m - H^O) = \frac{8}{2} RT + R \sum \frac{\Theta}{e^{\Theta/T} - 1}$$

$$= 9916,09 + 8,796 + 0,001 + 0$$

$$= 9924,887$$

Aus den Tafeln der thermodynamischen Standard-Bildungsenthalpien
erhält man die Bildungsenthalpie bei 298,16 K:

$$\Delta H^B_{298,16} = - \ 41460 \ J/mol$$

Aus

$$\Delta H^B_{298,16} = \Delta \left(H_{m_i} - H^O_i \right) + \Delta H^O$$

erhält man für H^O

$$- \ 41460 - (9361,8 + 8676,6 - 8677,3 - 9924,9) = - \ 40896,2$$

Dieser Wert muß durch die Gaskonstante und die Temperatur, bei der
das Gleichgewicht zu berechnen ist, dividiert werden.

$$\frac{\Delta H^O}{R \cdot 1000} = - \frac{40896,2}{8314,4} = - \ 4,919$$

Nun bleibt noch die Berechnung der Zustandssummen für (4.2.22),bzw.
identisch mit diesen Zustandssummen, die Berechnung der Klammern
in Gleichung (4.2.20).

Außer der Translations-Zustandssumme werden dabei die Hochtemperatur-
Näherungen der Rotations-Zustandssummen für zweiachsige und dreiachsige Molekel herangezogen. Man kann diese Zustandssummen zu einem
einzigen Ausdruck zusammenziehen, wie das im folgenden geschehen
ist. Die Zustandssumme der Schwingungen muß getrennt berechnet
werden. Es ergibt sich: (Vergleiche 4.2.10 und die folgenden Zeilen)

$$\underline{CO} \; : \; (\text{zweiachsig}): \; -\ln Z = -\ln \frac{1000^{7/2}}{263,7 \cdot 10^{-3} \cdot 2,74} + \ln\left(1 - e^{-3,08}\right)$$

$$= -24,502 - 0,047$$

$$= -24,55$$

$$\underline{H_2} \; : \; (\text{zweiachsig}): \; -\ln Z = -16,414$$

$$\underline{CO_2} \; : \; (\text{zweiachsig}): \; -\ln Z = -27,22$$

$$\underline{H_2O} \; : \; (\text{dreiachsig}): \; -\ln Z = -\ln \frac{1000^4 \pi^{1/2}}{511,6 \cdot 2 \cdot (22,2)^{3/2}} -$$

$$- \Sigma \ln\left(1 - e^{-\frac{\Theta_i}{T}}\right)$$

$$= -23,521 - 0,117 = -23,638$$

Mit diesen Zahlen ergibt sich für die Δ-Summe der Zustandssummen
in (4.2.22) der Wert

$$- 27,22 - 16,414 + 24,55 + 23,638 = 4,554$$

und schließlich mit H^O/RT für die Gleichgewichtskonstante in guter
Übereinstimmung mit dem Experiment:

$$\ln K_p = 4,919 - 4,564 = 0,365$$

$$K_p = 1,44$$

Auch hier wird die Genauigkeit des Ergebnisses durch das thermodynamisch zu bestimmende Glied ΔH^O bestimmt.

Da sich bei der Wassergas-Reaktion die Molzahl nicht ändert, hätte
man auch anstelle der Nullpunktsenthalpien die Unterschiede in den
inneren Energien verwenden können, weil sich bei der Bildung der
Summe die Unterschiede der Enthalpie und der Energie (jeweils RT)
herausgehoben hätten. Ändert sich die Molzahl bei der Reaktion, ist
es zweckmäßiger, von Anfang an mit den Enthalpien zu rechnen, weil
dadurch der Effekt des Druckes automatisch berücksichtigt wird.

d) <u>Isotopen-Gleichgewichte</u>

Die im vorigen Beispiel definierten H^O-Werte enthalten die Bindungsenergie, d. h. die beim Zusammenführen der Atome aus unendlicher Entfernung auf den Bindungsabstand freiwerdende Energie. Da aber die
Kerne sich auch am absoluten Nullpunkt nicht in völliger Ruhe befinden, enthält H^O außerdem noch die Nullpunktsenergie der Schwingung.

Besteht eine Reaktion nun nur im Austausch eines Isotopes, kann man
davon ausgehen, daß die Bindungsenergie sich beim Austausch nicht
ändert. Die Annahme, daß die Bindungsenergie sich beim Isotopen-
austausch nicht ändert, ist experimentell außerordentlich gut belegt.
Unter diesen Umständen unterscheiden sich also die H^O-Werte nur durch
die, wegen der unterschiedlichen Isotopenmassen verschiedenen Nullpunktsenergien der Schwingung. Man hat also bei Isotopen-Reaktionen
die Möglichkeit, die Δ-Summe direkt über die Nullpunktsenergien
der Schwingung zu bilden. Die Zustandssummen der Translation unterscheiden sich durch die geänderten Massen, die der Rotation durch
die geänderten Trägheitsmomente, so daß sich die Berechnung von Iso-
topengleichgewichten besonders einfach gestaltet.

<u>Beispiel:</u> $H_2 + D_2 \quad 2HD$

$$K_p = \frac{a^+_{H_2}\, a^+_{D_2}}{\left(a^+_{HD}\right)^2} = 2 \ln Z_{HD} - \ln Z_{H_2} - \ln Z_{D_2} + \frac{\Delta H^O}{RT} \qquad (4.2.23)$$

Für ΔH^O wird die Differenz der Nullpunktsenergien angesetzt:

$$\Delta H^O \equiv \Delta U^O = -\,\Delta\,\Theta_{vib} \cdot \frac{R}{2} = -\,\frac{8,3144}{2}\left(2\,\Theta_{vib}(HD) - \Theta_{vib}(H_2) - \Theta_{vib}(D_2)\right)$$

(wegen des Vorzeichens vergleiche voriges Beispiel)

Die Translations-Zustandssummen ergeben sich aus den bekannten
Isotopenmassen:

$$\ln Z_{trans} = \frac{5}{2} \ln \frac{T}{\Theta_{tr}}$$

Die Rotations-Zustandssummen verwenden wir in der Hochtemperatur-
Näherung:

$$\ln Z_{rot} = \ln \frac{T}{\sigma \Theta_{rot}}$$

Wegen der sehr hohen Wellenzahlen der Schwingungen (siehe Tabelle 14)
können wir auf die Berücksichtigung der Schwingungsbeiträge verzichten.

Diese Zusammenstellung der zu verwendenden Formeln schränkt die Ver-
wendbarkeit des Ergebnisses ein: Einerseits sollen die Temperaturen
hoch genug sein, um die bequeme Form der Rotationszustandssummen
anwenden zu können, andererseits nicht so hoch, daß die Schwingungen
einen merklichen Beitrag zur Temperaturabhängigkeit liefern. Diese
Bedingungen treffen etwa im Bereich von 100 K bis 1000 K zu. In diesem Bereich können wir mit den einfachen Ausdrücken auch die Temperaturabhängigkeit des Austauschgleichgewichtes berechnen.

Wir stellen zunächst die benötigten Moleküldaten zusammen:

$$\Theta_{tr} = 4{,}3325 \cdot M^{-0,6} \qquad\qquad \Theta_{rot} = 1{,}43822\, B_o$$

	M	$M^{-0,6}$	Θ_{tr}	$\ln \Theta_{tr}$	B_o	Θ_{rot}	σ	$\ln \Theta_{rot}$	Θ_{vib} [+]
H_2	2,016	0,65661	2,845	1,04548	60,80	87,44	2	4,4710	5938,5
HD	3,022	0,51502	2,231	0,802595	45,65	65,662	1	4,18452	5181,6
D	4,028	o,43346	1,878	0,63018	30,429	43,764	1	3,7788	4277,3

[+] auf Anharmonizität korrigierte Werte

Wir erhalten für die Zustandssummen

$$\ln Z = \frac{7}{2} \ln T - \frac{5}{2} \ln \Theta_{tr} - \ln \Theta_{rot} - \ln \sigma$$

Die Beiträge $7/2 \ln T$ heben sich beim Einsetzen in (4.2.23) heraus und es bleibt

		trans	rot	
$2 \ln Z$ (HD)	$= - 4{,}012975$	$- 8{,}36904$	0	
$- \ln Z(H_2)$	$= + 2{,}61370$	$+ 4{,}4710$	$+ 0{,}69315$	
$- \ln Z(D_2)$	$= + 1{,}57545$	$+ 3{,}7788$	$+ 0{,}69315$	
$\Delta \ln Z$	$= \quad 0{,}17618$	$- 0{,}11924$	$+ 1{,}3863$	
	$= \quad 1{,}44324$			

Für den Term $\Delta H^O/RT$ erhalten wir

$$\frac{\Delta H^O}{RT} = - \frac{1}{2T} (2 \cdot 5181{,}6 - 5938{,}5 - 4277{,}3)$$

$$= - \frac{73{,}7}{T}$$

und für die Gleichgewichtskonstante

$$\ln K_p = - \frac{73{,}7}{T} + 1{,}4432$$

Die folgende Tabelle gibt einen Vergleich der so berechneten Werte mit den experimentellen Daten von Urey

T (K)	$\ln K$	K_{ber}	K_{exp}
83	0,5553	1,742	2,20
195	1,0653	2,90$_2$	2,88
298	1,1959	3,307	3,27
670	1,333	3,793	3,780

Die hohe Genauigkeit der Rechnung ist hier darauf zurückzuführen, daß keine thermodynamischen Größen benötigt werden. Die in H^O allein eingehende Differenz der Nullpunktsenergien kann mit hoher Genauigkeit spektroskopisch ermittelt werden.

Quellen und weiterführende Literatur

Schäfer, K.: Statistische Theorie der Materie, Göttingen, Vandenhoek und Ruprecht, 1960

McQuarrie, D.A.: Statistical Thermodynamics, New York, London, Harper and Row

Benson, S.W.: Thermochemical Kinetics, New York, London, Sidney, John Wiley Sons

Münster, A.: Statistische Thermodynamik, Berlin, Göttingen, Heidelberg, Springer Verlag, 1956

Reif, F.: Physikalische Statistik und Physik der Wärme, Berlin New York, Walter de Gruyter, 1976

Funk, P.: Variationsrechnung und ihre Anwendung in Physik und Technik. Grundlagen der Math. Wissenschaften in Einzeldarstellungen, Berlin, Göttingen, Heidelberg, Springer Verlag, 1962

Herzberg, G.: Molecular Spectra and Molecular Structure, I. Spectra of Diatomic Molecules, II. Infrared and Raman Spectra of Polyatomic Molecules, III. Electronic Spectra of Polyatomic Molecules, New York, Van Nostrand Reinhold Company, 1945

Lister, D.G., Mc Donald, J.N., Owen, N.L.: Internal Rotation and Inversion, London, New York, San Francisco, Academic Press

Zurmühl, R.: Praktische Mathematik, Berlin, Göttingen, Heidelberg, Springer Verlag, 1957

Zachmann, H.G.: Mathematik für Chemiker, Weinheim, Verlag Chemie

Sachs, L.: Statistische Auswertungsmethoden, Berlin, Heidelberg, New York, Springer Verlag, 1971

Häufig benutzte Zahlenwerte

1 Joule = 1 Ws = 1 Nm = 10^7 dyn cm	10^7 erg
1 cal	4,1840 J
Boltzmann-Konstante k	1,38066 10^{-23} J/grad
Plancksches Wirkungsquantum h	6,6262 10^{-34} J s
	6,6262 10^{-27} erg s
$\hbar^2$	1,111 10^{-68} (J s)^2
Lichtgeschwindigkeit c	2,99792 10^{10} cm/s
	2,99792 10^8 m/s
hc/k	1,43879 grad/cm^{-1}
Loschmidtsche Zahl N_L	6,0220 10^{23} Mol^{-1}
Gaskonstante R = N_L k	8,3144 J/grad Mol
	1,9872 cal/grad Mol
Molvolumen	22,414 10^{-3} m^3/Mol
atomare Masseneinheit amu 1/12 m ^{12}C	1,66056 10^{-27} kg
1 cm^{-1}	11,959 10^{+7} erg/Mol $\sim$ 12 J/Mol
1 ev = 8068,2 cm^{-1}	
= 1,60199 10^{-12} erg/Molekül =	96484,7 J/Mol

Quelle: Codata Bulletin Nr. 11,
         "ICSU" Codata Zentralbüro, Westendstraße 19, 6000 Frankfurt/Main

Sachverzeichnis

Chemisch-Technisches Lexikon

Herausgeber: D. Osteroth

Mit Beiträgen von G. Beckmann, H. J. Delavier,
P. Ettmayer, H. P. Dörner, P. Feuerlein, H. Groll,
M. Härtel, D. Hody, E. Höcke, F. Kaiser, H. Kaiser,
H. Kellerwessel, K. Kirschmann, E. Kuhnle,
U. Ladisch, G. M. Leuteritz, H. G. Mende, W. Möller,
M. Nitsche, A. Peters, H. Quack, K. Redeker,
H. Rieschel, H. Samans, E. A. Scheuermann, D. Stahl-
mann, I. Stojanovic, G. Subat, K. Sztatecsny, H. Vogt,
K. Wacks, K. Weber, J. Werther, F. Widmer,
F.-F. Wiese, H. Wilke, W. Wittenberger

1979. 420 Abbildungen, 74 Tabellen. IX, 305 Seiten.
Gebunden DM 148,–
ISBN 3-540-08891-1

Dieses Werk bietet lexikalisch geordnet Informatio-
nen über Verfahren, Geräte, Stoffe, Produkte und
Hilfsmittel der chemischen Technik und der chemischen Industrie. Als ein Auskunftsbuch ergänzt es
damit die Vielzahl spezieller Lehrbücher, Mono-
graphien und vielbändigen Nachschlagewerke dieser Gebiete.
Herausgeber und Autoren haben etwa 1 200 präzise
Stichworte formuliert und die erläuternden Texte
knapp, doch verständlich gehalten. Damit wird nicht
nur dem Fachmann, sondern auch Chemiekaufleu-
ten, Studenten und Behörden ein Werk in die Hand
gegeben, das ihnen bei ihrer Alltagsarbeit zuverläs-
sige Auskunft gibt. Im Interesse weitgehender und anschaulicher Informationsvermittlung wurden 420
Abbildungen in den Text eingeschlossen. Zahlreiche
Querverweise erschließen größere Zusammenhänge,
insbesondere Substanzen und Verfahren.
Ein nach Anlage, Darstellung und Umfang ver-
gleichbares Werk hat es im deutschen Sprachraum
bisher nicht gegeben. Es entstand unter Mitarbeit
38 führender Fachleute von Industrie und Hoch-
schulen der Bundesrepublik, Österreich und der
Schweiz.

Springer-Verlag
Berlin
Heidelberg
New York

E. Fitzer, W. Fritz

Technische Chemie

Eine Einführung in die Chemische Reaktionstechnik

Hochschultext
1975. 150 Abbildungen, 36 Tabellen, 31 Rechen-
beispiele. XIII, 552 Seiten.
DM 44,–
ISBN 3-540-06787-6

Aus den Besprechungen:
„Mit dem Erscheinen dieses Buches schließt sich eine
seit mehreren Jahren von dem Chemiestudierenden
und Hochschullehrern empfundene Lücke in der
deutschsprachigen Literatur. ...
Das didaktisch ausgezeichnete, verständlich und
klar geschriebene Buch mit vielen Abbildungen und
zahlreichen aus der Praxis gewählten Rechenbeispie-
len mit Lösungen ist nicht nur den Chemiestudenten
als Lehrbuch zu empfehlen. Zum angesprochenen
Leserkreis gehören auch viele der in der Industrie
tätigen Chemiker und Wirtschaftler."
Angewandte Chemie

W. Bartknecht

Explosionen

Ablauf und Schutzmaßnahmen

Mit einem Vorwort von H. Brauer
1978. 259 Abbildungen, davon 17 farbig, 34 Tabellen.
VIII, 264 Seiten.
Gebunden DM 148,–
ISBN 3-540-08675-7

Aus den Besprechungen:
„...Der Verfasser, der sich die Erforschung von
Explosionen und ihre Verhinderung zur Lebensauf-
gabe gemacht hat, versteht es ausgezeichnet, auch
den Nicht-Spezialisten aufzuzeigen, welche großen
Fortschritte der letzten Jahre für die Beherrschung
dieses Phänomens gebracht haben. ...
Zusammenfassend: Ein äußerst nützliches Buch von
einem Praktiker für Praktiker geschrieben, das nicht
nur ein wertvolles Instrument für den Sicherheits-
spezialisten darstellt, sondern das auch allen Betriebs-
leitern und Verfahrenstechnikern bekannt sein sollte,
die in ihrem Bereich mit dem Auftreten explosiver
Gemische rechnen müssen."
Farben und Lacke

H. Labhart

Einführung in die Physikalische Chemie

Hochschultext

Teil 1
Chemische Thermodynamik

1975. 38 Abbildungen. XII, 167 Seiten.
DM 17,50   ISBN 3-540-07282-9

Teil 2
Kinetik

1975. 23 Abbildungen, 6 Tabellen.
X, 105 Seiten.
DM 14,80   ISBN 3-540-07348-5

Teil 3
Molekülstatistik

1975. 19 Abbildungen. XI, 126 Seiten.
DM 16,– ISBN 3-540-07283-7

Teil 4
Molekülbau

1975. 45 Abbildungen. X, 171 Seiten.
DM 17,50   ISBN 3-540-07284-3

Teil 5
Molekülspektroskopie

1975. 52 Abbildungen. X, 138 Seiten.
DM 16,– ISBN 3-540-07285-3

Aus den Besprechungen:
„…Hier liegt nun das Skriptum einer sorgfältigen viersemestrigen Physikalischen Chemie-Vorlesung an der Universität Zürich vor, die alles Lob verdient. …In solider Weise und gut ausgewählt werden die physikalischen Prinzipien zum Ausgang genommen und von dort auf die chemische Anwendung und das Verständnis der Methoden eingegangen, mittels derer man sich Einblick in das molekulare Geschehen verschaffen kann, aber auch kritische Reserve gegenüber den beliebten (und notwendigen) Modellbetrachtungen geweckt. …"
Chemie in unserer Zeit

H. Moesta

Chemisorption und Ionisation in Metall-Metall-Systemen

1968. 102 Abbildungen. VIII, 232 Seiten
Gebunden DM 84,–
ISBN 3-540-04273-3

Aus den Besprechungen:
„Dieses Buch über die Struktur von Metalloberflächen und deren Wechselwirkungen mit Metallatomen schließt eine Lücke in der deutschsprachigen Literatur. Gerade weil auf dem behandelten Gebiet in der letzten Zeit erhebliche Weiterentwicklungen zu verzeichnen gewesen sind, auch wenn keineswegs ein Abschluß erreicht ist, sollte die vorliegende zusammenfassende Darstellung, zumal sie klar und verständlich abgefaßt ist, begrüßt werden. Es ist hervorzuheben, daß dem behandelten Stoff eine wesentlich größere Bedeutung zukommt als der Buchtitel vermuten läßt, was dadurch bedingt ist, daß die an Metall/Metall-Systemen entwickelten Vorstellungen oft auch auf Ionen/Metall-Systeme sowie Systeme mit Nichtmetallen übertragen werden können. Somit mag einerseits der allgemein an Oberflächenvorgängen, andererseits der speziell an Problemen der Energieumwandlung, der Ionentriebwerke und des Spurennachweises interessierte und darüberhinaus auch auf dem Gebiet der Katalyse tätige Leser Nutzen aus dem Buch ziehen…" *Chemie-Ingenieur Technik*